AF550098

Alles Evolution – oder was?

Erich von Däniken

Alles Evolution – oder was?

Argumente für ein radikales Umdenken

KOPP VERLAG

1. Auflage Oktober 2020

Lektorat: Agentur Pegasus, Zella-Mehlis
Umschlaggestaltung: Stefanie Beth
Satz und Layout: Götz Mannchen

ISBN: 978-3-86445-779-1

Gerne senden wir Ihnen unser Verlagsverzeichnis
Kopp Verlag
Bertha-Benz-Straße 10
D-72108 Rottenburg
E-Mail: info@kopp-verlag.de
Tel.: (0 74 72) 98 06-10
Fax: (0 74 72) 98 06-11

Unser Buchprogramm finden Sie auch im Internet unter:
www.kopp-verlag.de

Inhaltsverzeichnis

Brief an meine Leser

Liebe Leserin, lieber Leser!

»An der Tatsache der Evolution besteht nicht der geringste Zweifel.« So steht es in der weltberühmten *Encyclopædia Britannica*, und genauso sieht es eine überwältigende Mehrheit von Experten der wissenschaftlichen Gemeinschaft. Hat die Mehrheit recht?

Selbstverständlich gibt es die Evolution. Jeder Mensch kennt mehrere Hundearten und weiß, dass sie alle von einem wolfsähnlichen Urhund abstammen. Aber es gibt keine »Schweinehunde« – also Hunde mit einem Schweinskopf. So wenig wie Mischungen zwischen Giraffen und Löwen.

Doch auf unserem Planeten leben Wesen, die es nach dem evolutionären Prinzip nicht geben dürfte. Können Sie sich, verehrte Leserin, verehrter Leser, eine fleischfressende Pflanze vorstellen, deren Fangblätter im Bruchteil einer Millisekunde zusammenklappen? Dies aber erst tun, nachdem das Opfer zwei verschiedene Borsten berührt hat? Oder, noch toller, eine Froschart, die ihre Jungen in ihrem Magen ausbrütet? In demselben Magen, der doch eigentlich geschaffen wurde, um ihre Nahrung zu verdauen?

Um solche Dinge geht es in diesem Buch – und über die kontroversen Ansichten der zuständigen Wissenschaftler.

Sehr herzlich!

Erich von Däniken

Kapitel 1

Was Tiere so alles können

Man stelle sich folgendes Szenario vor:

Eine Wespe steuert im Flug ihr Opfer – eine Spinne – an. Dann sticht sie ihr von hinten in den Rücken und spritzt ein Gift in die Wunde. Die Spinne ist gelähmt. Anschließend legt die Wespe ein Ei in die beschädigte Körperstelle der Spinne. Die Larve entwickelt sich im Körper der Spinne, und nach dem Schlüpfen ernährt sich das Wespenjunge von den Innereien des Wirtes. Dabei verschlingt es nach und nach zuerst diejenigen Teile seines Opfers, die für das Überleben nicht wichtig sind. Die Innereien der Spinne sollen so lange wie möglich am Leben und damit frisch bleiben.

Dieses Szenario spielt sich tagtäglich ab. In Australien kennt jedermann die sogenannte Captain Cook's Wespe *(Agenioideus nigricornis)* [Bild 1] Dieses kleine, lästige Insekt pflanzt sich mithilfe einer giftigen Spinne fort: der Rotrückenspinne. Genauso wie bei der allgemein bekannten Schwarzen Witwe kann der Biss der Rotrückenspinne tödlich sein. So werden in Australien

Bild 1

Jahr für Jahr Hunderte von Menschen mit einem Serum behandelt, nachdem sie von der Rotrückenspinne gebissen worden sind.

Giftspinnen töten andere Lebensformen – wer aber tötet die Giftspinnen? Gemeinsam mit dem Biologen Patrick Honan vom Museum von Victoria, Australien, ging der deutsche Biologe und Insektenforscher Prof. Dr. Lars Krogmann dieser Frage nach. Die Resultate verblüfften. Sowohl die kleine Captain Cook's Wespe als auch ihre größere Artgenossin, die Wegwespe *(Pompilide)*, attackierten giftige Spinnen und benutzten die Spinnenleiber als Brutstätte für ihre Jungen. Diese Wespen gehören zu den Hautflüglern, und es existieren unzählige Arten davon. Die Wespen legen ihr Ei in die Spinnen und nutzen diese als lebende Brutkästen.

Mehrere Wespenarten beherrschen das Kunststück, fremde Wirte zu missbrauchen. So bringt es die Brackwespe *(Dinocampus coccinellae)* fertig, einen Marienkäfer zu manipulieren. Die

Wespe legt ein Ei in den Hinterleib des Opfers, und die Wespenlarve ernährt sich von den Körpersäften des Käfers. Sobald die Larve eine bestimmte Größe erreicht hat, kriecht sie aus dem Marienkäfer heraus und verpuppt sich am Unterleib des Käfers. Dadurch wird der Marienkäfer bewegungslos, zuckt aber immer noch mit seinen Beinchen. Nach dem Schlüpfen der neuen Brackwespe erholt sich der Marienkäfer und kann sich sogar wieder fortpflanzen. Ganz offensichtlich hat das Reich der Wespen phänomenale Methoden entwickelt, um seine Brut zu ernähren.

Da gibt es die Juwelwespe *(Ampulex compressa)* [Bild 2], die Kakerlaken *(Periplaneta americana)* [Bild 3] auflauert. Diese Kakerlaken sind zehnmal größer als die Wespe, was sie aber nicht daran hindert, überraschend aus einem Versteck hervorzuschnellen und ihr Opfer mit einem ersten Stich zu lähmen. Der zweite Stich zielt direkt ins Nervensystem, und zwar exakt in diejenige Region, die die Flucht der Kakerlake steuert. Über einen Fühler der Kakerlake dirigiert die Wespe ihr Opfer zu einem Erdloch – und wie ein Zombie läuft die Kakerlake so auf ihren sechs Beinen zum eigenen Grab. Dort legt die Wespe ein Ei in die Kakerlake und baut anschließend um sie herum mit

Bild 2

Bild 3

kleinen Steinchen. Nach 4 Wochen schlüpft eine neue Juwelwespe aus dem Gefängnis und sucht sich ihr nächstes Opfer. Die Kakerlake ist tot.

Ein noch perfideres Prozedere beherrscht die Schlupfwespe *(Ichneumonidae)*. Ihr Wirt ist die allseits bekannte Radnetzspinne *(Plesiometa argyre)*. Diese wird durch einen Stich von der Schlupfwespe gelähmt. Die Wespe legt ein Ei in den Hinterleib der Spinne. Die Larve ernährt sich von deren Innereien und wächst heran. Sobald die Larve reif zum Schlüpfen ist, spritzt die Wespe, die ständig in der Nähe bleiben muss, ein neues Gift in die Spinne, und die verändert daraufhin ihr Verhalten. Anstatt – wie angeboren – ein Radnetz zu weben, beginnt die Spinne mit ihren Fäden einen Kokon um die Larve zu wickeln. Ist dieser Kokon fertig, tötet die Schlupfwespe ihr Opfer und frisst es auf. Die Wespenlarve wächst weiter und verlässt schließlich ihren Kokon.

Apropos Radnetzspinnen: Darwins Rindenspinne *(Caerostris darwini)* produziert Spinnennetze mit Fäden von bis zu 25 Metern Länge. [Bilder 4+5] Wie geht das? Antwort: Die Spinne postiert sich in einem Luftzug und lässt ihren Seidenfaden durch den Wind über einen Bach oder Tümpel tragen. Dann klettert sie über ihr Konstrukt und heftet einen neuen Ankerfaden an eine Stelle daneben. Jetzt lässt sie sich in die Tiefe fallen – Spinnen-Bungee-Jumping – und vom Wind ans andere Ufer tragen. Von zwei Hauptfäden aus wiederholt sich das Spiel, bis ein gigantisches Netz entsteht, das sich über einen Bach oder Teich legt. Das Verblüffendste daran ist nicht die Größe des Netzes, sondern die Stärke der Spinnenfäden. Die sind nämlich zehnmal stärker als Kevlar. Dabei handelt es sich um Kunstfasern, aus denen nicht nur Jeans, sondern auch schusssichere Westen hergestellt werden. Die Fäden der Darwin'schen Radnetzspinnen sind das zäheste Biomaterial der Welt. Doch nicht nur das:

Bild 5
Bild 4

Sie sind auch extrem leicht und dünn. Die geheimnisvolle Evolution oder der Wunsch der Spinne muss also veranlasst haben: Wenn schon riesige Fäden, dann müssen diese stärker sein als die Seiden aller anderen Artgenossen.

Die Fragen machen perplex: Was nur ging in der ersten Juwelwespe vor, die sich auf eine zehnmal größere Kakerlake stürzte? Woher wusste sie, dass ihr Stachel exakt diejenige Stelle des Nervensystems treffen musste, die die Flucht des Opfers steuerte? Die Wespe konnte den Aufbau des Nervensystems der Kakerlake nicht kennen. Wenn der Stich danebenging, hätte die Kakerlake die viel kleinere Wespe getötet. Und wie vererbte sich ihre Erfahrung auf die nächste Generation? Welches Chemikaliengebräu ist nötig, um das Gehirn einer Radnetzspinne derart zu verändern, dass sie statt eines Netzes einen schützenden Kokon um ein artfremdes Wesen webt? Welches Mysterium der Evolution lässt die Chemikalie im Körper der Wespe in der richtigen Mischung entstehen?

Wie verhält es sich mit den Wirtstieren? Ist das, was sie betrifft, alles normal und nichts Außergewöhnliches? »Die Natur« (darauf komme ich noch zurück) kennt schließlich unzählige Parasiten, die Wirtskörper benötigen, um ihre Brut zu ernähren. Schließlich missbrauchen alle sogenannten Neuroparasiten das Nervensystem ihres Wirtes für ihre eigenen Zwecke. Der Saugwurm *(Trematoda)* beispielsweise ist ein solches Ungeheuer und verfügt zudem über männliche wie auch weibliche Geschlechtsorgane. Die Würmer können sich gegenseitig wie auch sich selbst befruchten. Dabei reicht ein Wirt nicht, um ihren Lebenszyklus zu durchlaufen. Nachdem sich der Wurm an ein anderes Tier gesaugt hat, legt dieser Wirt irgendwann Eier. Diese geraten ins Wasser und aus ihnen schlüpfen Larven, die sogenannten Miracidien. Sie schwimmen so lange umher, bis sie entweder gefressen werden oder auf eine spezielle Schnecke treffen. In letzterem Falle bohrt sich das Miracidium in die Haut der Schnecke und wächst zu einem Brutschlauch. Nach mehreren Verwandlungen entstehen daraus Tochtersporozysten, und diese suchen die Mitteldarmdrüse der Schnecke heim. Dort entstehen Stablarven, die ihrerseits Schwanzlarven produzieren. Daraus wachsen schließlich Zercarien, die die Wirtsschnecke verlassen und in einen neuen Zwischenwirt eindringen.

Andere Saugwürmer benutzen Raupen als Wirte. Diese Raupen werden von Vögeln gefressen. Über den Vogelkot werden die Eier des Saugwurms verbreitet, und der Kreislauf beginnt von vorn. Alles ganz einfach – oder? Woher weiß denn aber der Saugwurm, dass die Raupe, die er als Wirt missbraucht, von einem Vogel gefressen wird und der Vogelkot das Fortbestehen seiner Art garantiert?

Wir alle haben schon vom Bandwurm *(Schistocephalus)* gelesen, aber wer weiß schon, dass die Larve dieses ekligen Tieres einen Vogel benötigt, um sich dort zu paaren? Schon der Kreislauf des Bandwurms beginnt gespenstisch. Ein winziger Ruderfußkrebs *(Copepoda)* frisst die Larven des späteren Bandwurmes. Dieser Ruderfußkrebs muss seinerseits von einem kleinen, dreistachligen Fisch der Art der Stichlinge aufgefressen werden, wobei sich der Krebs dem Stichling regelrecht zum Verspeisen anbietet. Ausschließlich in diesem Dreistachligen Stichling kann die Larve wachsen – bei einem anderen Fisch funktioniert das Ganze nicht. Und irgendwann muss die Larve in einen Vogel gelangen – eben zur Paarung.

Genauso unmöglich erscheint die Geburt des Sackkrebses *(Sacculina carcini)*. Der gehört zur Familie der Rankenfüßer. Dieser Sackkrebs missbraucht eine Krabbe für seinen Nachwuchs. Wie das funktioniert? Am Hinterleib der Krabbe existiert ein kleiner Sack, eigentlich dazu bestimmt, die Eier der eigenen Art wachsen zu lassen. Doch der männliche Sackkrebs befruchtet diese Eier der Krabbe, und die Krabbe pflegt und behütet die fremde Brut in ihrem Sack, als ob es die eigene wäre. Dabei geschieht das nächste Wunder. Die Hormone der ursprünglich männlichen Krabbe verändern sich, und sie mutiert zum weiblichen Organismus. Hokuspokus.

Sogar Ameisen werden von Parasiten gesteuert. Für »die Natur« – was immer das sein soll – ist selbst das Unmögliche möglich. Da gibt es einen Parasiten des Namens Kleiner Leberegel *(Dicrocoelium dendriticum)*. Der befällt Weidetiere wie Rinder oder Schafe. Über den Kot dieser Tiere werden seine Larven ausgeschieden. Schnecken ernähren sich von diesem Kot und entwickeln sogenannte Zerkarien, die in den Atmungskreislauf der Schnecken gelangen. Die Zerkarien spuckt die Schnecke in winzigen Schleimbällchen aus. Dieser Schleim wird von Ameisen gefressen, und jetzt erst wird der ursprüngliche Kleine Leberegel aktiv. Der Schleim gelangt in das Nervensystem der Ameise und verändert sie komplett. Das Tierchen postiert sich auf der Spitze eines Grashalms und wartet darauf, von einem Weidetier gefressen zu werden. Geschieht dies nicht während des ersten Tages, so kehrt die Ameise in ihren Bau zurück und wiederholt ihr Verhalten so lange, bis sie verschluckt wird.

Nun ja – Tiere eben. Doch Parasiten steuern auch Menschen. In der Zeitschrift *Spektrum der Wissenschaft* [1] machte die Biologin Sabrina Schröder auf einen Parasiten aufmerksam, der den Menschen verändern kann. Das Tierchen heißt *Toxoplasma gondii* und wurde bereits 1907 in Tunesien entdeckt. Der Parasit löst die Krankheit Toxoplasmose aus, und die wiederum verändert das Verhalten von Mensch und Tier. Toxoplasmose ist inzwischen weltweit bekannt und wird vor allem durch den Kot von Katzen verbreitet. Nimmt ein Nagetier – zum Beispiel eine Maus – *Toxoplasma gondii* auf, so verliert es die angeborene Angst vor Katzen und bietet sich ihrem Erzfeind buchstäblich zum Fraß an. Neurologen vermuten, der Parasit könne bei Menschen Krankheiten wie Schizophrenie hervorrufen. Studien ergaben, dass Menschen mit der Krankheit Toxoplasmose vermehrt zu Depressionen und Selbstmord neigen. Zudem führt Toxoplasmose zu Entzündungen des Gehirns. Die Ansteckung des Menschen erfolgt über den Katzenkot.

Welche Evolutionsprozesse müssen diese (und viele andere) Tiere durchlaufen haben? Man stelle sich die erste Wespe vor, die eine hochgiftige Spinne anzufliegen versuchte. Spinnen sind raffinierte Gegner, die sich nicht nur mit ihren Klauen und dem Versuch, ihr Opfer einzusaugen, wehren, sondern auch mit ihren klebrigen Fäden. Weshalb kam – meinetwegen vor Millionen von Jahren – eine Wespe auf die lebensgefährliche Idee, eine Giftspinne anzugreifen? Es krabbelten schließlich genug andere, harmlosere Lebensformen auf dem Boden herum. Wie kam die Wespe auf den Gedanken, ihre Eier in die Wunde einer völlig fremden Art zu legen? Schließlich gehörte die Spinne überhaupt nicht zu ihrer Verwandtschaft, der man die eigene Brut anvertrauen konnte. Woher »weiß« die Wespenlarve in den Eingeweiden der Spinne, welche Innereien sie der Reihe nach anzapfen muss, damit ihr Wirt möglichst lange »frisch« und am Leben bleibt? Woher hat das Wespenjunge seine Information? Und grundsätzlich: Auf welche Weise soll dieser Kreislauf begonnen haben? Wie gelangte das erste Wespen-Ei in den Körper der Giftspinne? Was war zuerst da? Das Huhn oder das Ei? Die erste Wespe oder die erste Wespenlarve im Spinnenbauch? Und überhaupt: weshalb so umständlich? Wespen könnten doch ihre Eier überall hinlegen – warum ausgerechnet in den Körper einer lebendigen Giftspinne?

Im Laufe von Hunderten von Millionen Jahren – so schildert es die Evolutionslehre – bildeten sich rund 40 000 verschiedene Spinnenarten heraus. Alle müssen von irgendeiner Urspinne abstammen und entwickelten völlig unterschiedliche Fähigkeiten. Als giftigste Spinne der Welt gilt die australische Trichterspinne *(Agelenidae)*. Sie entwickelte ein Gift, das nur für Primaten und Insekten tödlich ist – nicht aber für Tiere wie Kaninchen oder Hühner. Wie entstand dieser seltsame Giftcocktail, der manche Tiere tötet und andere nicht? Wobei die meisten Spinnen auf unserem Globus ihre Beute durch Gift umbringen. Erst fangen – oft, aber nicht immer im Netz –, dann töten. Eine große Spinne Europas ist die Mächtige Fischernetzspinne *(Segestria florentina)*. [Bild 6] Sie lebt vorwiegend in engen Ritzen, Felsspalten oder an Baumrinden und wird bis zu 4 Zentimeter groß. Ihr Gift ist für den Menschen schmerzhaft, aber nicht tödlich. Dasselbe gilt für die Goliath-Vogelspinne *(Therzphosa blondi)*. Sie kann 12 Zentimeter groß und 200 Gramm schwer werden. Ein Schrecken verursachendes Ding – doch ungefährlich für den Menschen. Sie jagt auch keine Vögel – wie ihr Name suggerieren könnte –, sondern Insekten und Wirbeltiere wie Mäuse und Frösche. Dasselbe gilt für die Tarantel *(Lycosa erythrognatha)*. Diese sieht genauso furchterregend aus wie eine Vogelspinne und kann dem Menschen schmerzhafte Bisse zufügen, die aber nicht tödlich sind.

Spinnen … Spinnen … Spinnen mit unterschiedlichem Jagdverhalten und verschiedenen Waffen. Und alle sind untereinander verwandt. Eine Wasserspinne, auch Silberspinne *(Argyroneta aquatica)* genannt, atmet zwar Luft, taucht dann aber unter Wasser und trägt die Luft in einer Atemblase mit sich. Das ist evolutionstechnisch etwa so pervers wie der »Walfisch«: ein Säugetier, das im Wasser lebt. Spinnen fressen an Land. Sie sind mit Waffen aller Art ausgerüstet, um ihre Nahrung zu fangen, seien es Netze oder Gifte. Was bringt eine Spinne dazu, sich eine Luftblase anzulegen und unter Wasser zu jagen? Dort kann sie schließlich leicht von Fischen gefressen werden.

Bild 6

Ein in Deutschland beheimatetes, gefährliches Spinnentier ist der Dornfinger *(Cheiracanthium)*. Dieses Mikrobiest baut kein Netz, sondern jagt seine Beute des Nachts. Sein Biss verursacht beim Menschen Schüttelfrost, Erbrechen und Kreislaufversagen.

Was soll die Aufzählung von Spinnen? Mir geht's um ihr unterschiedliches Verhalten und ihre verschiedenen Waffensysteme, die allesamt im Lauf der Evolution entstanden sind – sagt die Theorie. Schließlich entdeckte Charles Darwin (1809–1882) schon vor über 150 Jahren die Vielfalt der Arten und postulierte die Idee der »geografischen Variationen«. [2] Alles hat gemeinsame Vorfahren, entwickelt sich aber von Ort zu Ort anders.

Von der Schwarzen Witwe *(Latrodectus tredecimguttatus)* existieren unterschiedliche Formen in Europa sowie in Nord- und Südamerika. [Bild 7] Alle können für den Menschen tödlich sein. Zudem fressen viele weibliche Schwarze Witwen ihre Männchen nach dem Geschlechtsakt auf. Als Dank für die Befruchtung? Mit ihrem Gift töten sie nicht nur Käfer, sondern

Bild 7

sogar Eidechsen. Achtung: Schwarze Witwen fühlen sich unter Brettern im Bereich von Baustellen wohl, doch auch an der Unterseite von Toilettenbrillen. Immerhin sorgte die Evolution für ein Warnsignal: Die Schwarzen Witwen tragen dreizehn feuerrote Punkte auf ihrem dunklen Körper. Damit signalisiert das Tierchen: Ich bin gefährlich! Nicht anfassen! Das meinen jedenfalls die Theoretiker. Weshalb aber trägt die tödliche Brasilianische Wanderspinne *(Phoneutria nigriventer)* dieses Warnsignal nicht auch?

Als gefährlichste Giftspinne der USA gilt die Braune Einsiedlerspinne *(Loxosceles reclusa)*. Kurioserweise verfügt dieses Tierchen nur über sechs Augen – im Gegensatz zu den acht der üblichen Spinnen. Gab sich die Evolution mit sechs Augen zufrieden? Wären acht nicht »umsichtiger« gewesen? Und dann die Brasilianische Wanderspinne *(Phoneutria nigriventer)*. Sie zählt zu den tödlichsten Tieren der Welt. Ihr Gift ist zwanzigmal stärker als dasjenige der Schwarzen Witwe. Die Spinne kann sehr aggressiv sein und ihre Opfer mit einem Sprung angreifen. Beim Menschen führt ihr Biss zur Lähmung der Muskeln. Wie bei einem Schlangenbiss setzen die Herz- und Lungenmuskeln aus. Ein grauenvoller Tod ist die Folge.

Es ist nicht nur die unterschiedliche Giftmischung der Kreaturen, die zu Fragen berechtigt, es sind nicht nur ihre Jagdmethoden, ihr Missbrauch von fremden Tieren als Brutstätte – sondern auch ihre oft unsagbare Entstehungsart. Schmetterlinge sind ein Schulbeispiel dafür, darunter der Atlasspinner *(Attacus atlas)*, ein Falter mit einer Flügelspannweite von bis zu 30 Zentimetern. [Bild 8] Wie die meisten Insekten besitzt der Atlasspinner Facettenaugen, die ihrerseits aus rund 8000 kleineren Äuglein bestehen. Dazu kommen noch zwei größere Einzelaugen. Seine Fühler sind leicht gespreizt. Damit riecht das Männchen ein Weibchen auf größere Distanzen. Dies ist auch dringend

Bild 8

notwendig, denn der Atlasspinner ist auf Nachwuchs aus – er lebt nämlich nur wenige Tage und nimmt während seines ganzen Lebens keine Nahrung auf. Wie seine Artgenossen entsteht ein Schmetterling nicht einfach durch eine wie auch immer geartete »Geburt«. Vor seinem kurzen Schmetterlingsleben muss er vier Entwicklungsstadien durchlaufen: Ei – Raupe – Puppe – Falter. Und damit wird es evolutionstheoretisch sehr verwirrend.

Aus dem Schmetterlings-Ei entsteht eine Raupe, und die ist das eigentliche Fressorgan des späteren Schmetterlings. Diese Raupe besteht aus vierzehn gleichmäßig aneinandergereihten Segmenten mit einem Kopf an der Spitze. Nach dem Schlüpfen fressen die Raupen zuerst ihre eigene Schale, später Samen, Nadeln und Blätter verschiedener Pflanzen. Raupen sind geradezu fressgierig. Einige Raupenarten machen es anders: Sie leben friedlich mit

Ameisen zusammen. Bestimmte Raupen sondern eine zuckerhaltige Flüssigkeit ab, die die Ameisen anlockt. Die klettern auf die Raupe – nicht um sie zu töten oder mit ihrer Säure in die Flucht zu schlagen, sondern um an die süße Nahrung zu kommen. Schließlich schleppen die Ameisen die Raupe in ihren Bau. Dort nimmt diese den Geruch der Ameisen an. Jetzt lässt sie sich von den Ameisen füttern und produziert gleichzeitig ihren süßen Saft. Schließlich verpuppt sich das Raupentier im Ameisenbau. Dazu bugsieren die Ameisen ihren Gast in eine kleine Nische und beschützen ihn vor räuberischen Artgenossen.

Diese Puppen – übrigens die aller Insekten, nicht nur der Schmetterlinge – enthalten ein im Sinne des Wortes »wunderbares« genetisches Programm. Die Zellen der Puppe verwandeln sich total. Ein körperlicher Neuordnungsprozess läuft ab. Bei der Puppe existierten weder Beine noch Flügel, geschweige denn Augen oder Geschlechtsorgane. Um zum Schmetterling zu werden, muss ein vollkommen neuer Körper entstehen. Die gesamte Gestalt des Tieres muss sich ändern. Es wachsen 8000 kleinere Äuglein (die Facettenaugen) mitsamt den zwei separaten Augen, alle früheren Strukturen der Raupe verschwinden. Schließlich schlüpft eine neue Lebensform: der Schmetterling.

In verschiedenen Kulturen der Antike galt der Schmetterling als Symbol der Wiedergeburt, und Künstler der Christenwelt erkannten in ihm die Kraft der Auferstehung. Die Seele, die den Leichnam verlässt, wurde als Schmetterling gezeigt. Ganz offensichtlich praktizierten weise Männer schon vor Jahrtausenden ein naturwissenschaftliches Denken. Sie hatten lange Zeit beobachtet, was da geschah und wie sich aus einem Ei eine Raupe bildete und diese über den Prozess der Verpuppung zum Schmetterling wurde. Doch sie konnten nichts von Genetik wissen und sich deshalb die Fragen unserer Zeit nicht stellen: Jedes Programm zum Aufbau einer Lebensform hat seinen Ursprung in der Zelle – und in dieser Zelle steckt der berühmte DNS-Code, die Doppelspirale der Desoxyribonukleinsäure. Sie ist die Trägerin der Erbinformation. Ohne DNS geschieht in der Zelle nichts. (Ich werde darauf zurückkommen.) Doch woher soll die Information stammen, die aus der Puppe einen komplett neuen Körper entstehen lässt? Und: Diese Information muss bereits im Ei existiert haben. Was bringt »die Evolution« dazu, mittels eines derart komplizierten Weges eine Lebensform wie einen Schmetterling entstehen zu lassen, ein Tierchen zudem, das gerade einmal einige Tage lebt, ohne etwas zu fressen? Dass sich bestimmte Puppen von Ameisen füttern lassen, mag erklärbar sein. Es ergab sich eben so. Doch der genetische Ablauf, der aus einem Ei zuerst eine Raupe, dann eine Puppe und aus ihr ein völlig neues Lebewesen entstehen lässt, ist evolutionstheoretisch schwer unter einen Hut zu bringen beziehungsweise erklärbar. Die Information beim »Ablesen« des DNS-Stranges in der Zelle enthält auch »Stop and go«-Befehle. *Wann* – im *zeitlichen* Ablauf – wird die nächste Häutung der Puppe freigegeben? *Wann* entsteht die grobe Flügelform, *wann* entstehen die gelblichen Flügelspitzen, *wann* die leicht gefächerten Fühler? *Wann* wachsen die Mundwerkzeuge? *Wann* die Beine und die 8000 Äuglein? *Wann* die Sinnesorgane? (Schmetterlinge haben nicht nur Augen, sondern auch Ohren.)

Die Botschaft der Gene muss nicht nur in der richtigen Reihenfolge »abgelesen« werden, sondern auch zum exakten Zeitpunkt erfolgen, ansonsten entstehen Missbildungen. So sind beispielsweise mehrere Arten der Ölkäfer *(Meloidae)* trotz ihrer Flügel unfähig zu fliegen. Die Flügelchen sind zu kurz geraten. Das Stopp-Signal für das Wachstum erfolgte offensichtlich zu früh. Ölkäfer verdanken ihren Namen übrigens einer ölartigen Flüssigkeit, die an den Poren der Beingelenke des Tierchens austritt. Diese Flüssigkeit wirkt als Abwehrstoff gegen Ameisen und anderes Getier. Und wie bei den Schmetterlingen durchlaufen auch die Ölkäfer vor ihrer Geburt mehrere Metamorphosen. Ihre Larven entwickeln sich in den Nestern von bestimmten Bienenarten wie Sand- oder Pelzbienen. Aus der Larve entsteht eine Puppe und daneben – es ist nicht zu fassen (!) – eine leere Scheinpuppe. Aus der Häutung der echten Puppe kriecht schließlich ein neuer Ölkäfer. Und all dies hat – man sieht es ja! – »die Evolution« so arrangiert.

Diese wunderbare Evolution sorgte auch für unterschiedliche Arten der Fischgattung Lachs. Weltweit gibt es neun davon. Und alle Lachse teilen eine Gemeinsamkeit: Sie werden im Süßwasser geboren, schwimmen dann ins ferne salzige Meer und nach Jahren wieder zurück an ihren Geburtsort. Es existieren Lachse im Atlantik und im Pazifik. Die Weibchen des Atlantischen Lachses *(Salmo salar)* legen ihren Laich an den Oberläufen von Flüssen ab. Die Männchen befruchten die Eier, und die erschöpften Weibchen sterben. Je nach Wassertemperatur bleiben die Jungfische 1–3 Jahre im Fluss. Es entwickeln sich Augen, Kiemen und Rückenflossen. Der Fisch wird zum Jäger. Dann beginnt eine Veränderung seines Körpers. Die blauen und roten Punkte auf seiner Haut verschwinden, und eine schimmernde Färbung überzieht das Tier. Die Innereien durchleben eine Metamorphose: Aus dem Süßwasserfisch wird ein Salzwasserwesen. Der Lachsforscher William Shearer stellte fest, dass die meisten Lachse »in den Atlantik Richtung Westgrönland schwimmen«. [3] Weshalb sie das tun, ist unbekannt. Anders verhält es sich beim kanadischen Lachs. Dort existieren fünf verschiedene Arten, der Größte unter ihnen ist der Königslachs *(Oncorhynchus tshawytscha)*. Er schwimmt rund 1300 Kilometer, vom Pazifik über den Fraser River und den McLennan River bis zum Swift Creek bei der Stadt Valemount (British Columbia, Kanada). Dort befindet sich seine Geburtsstätte. Eine andere

Lachsart – der Sockeye-Lachs *(Oncorhynchus nerka)* – muss ebenfalls den Fraser River hochschwimmen und beim sogenannten Hells Gate (Höllentor) massive Stromschnellen überwinden. Wie unter einer Droge stehend oder aus einer inneren Wut heraus springen die Fische wieder und wieder gegen die Wasserfälle, um sie in blitzschnellen Bewegungen zu überwinden. Oben an den Stromschnellen positionieren sich Grizzlys und Schwarzbären. Die schnappen sich die fettreiche Mahlzeit, wenn die Lachse ihre Luftsprünge vollführen.

Was treibt die Fische an? Obwohl der amerikanische Kontinent dazwischenliegt – von Alaska über Kanada, die USA, Zentral- und Südamerika bis nach Feuerland –, verfügen sowohl die kanadischen als auch die Atlantischen Lachse über denselben Instinkt. Die Fische hüben wie drüben verhalten sich gleich. Ein Lachs mag während seiner Lebenszeit Tausende von Kilometern zurückgelegt haben – doch mit unbestechlicher Sicherheit findet er nach Jahren die Mündung seines Heimatflusses. Nur diesen Fluss – in keinem anderen – schwimmt er unter gewaltigen Anstrengungen hoch, überwindet Stromschnellen – um schließlich von einem Bären »verdrückt« zu werden. Welches Navigationssystem dirigiert die Fische? Das Magnetfeld der Erde? Tatsächlich fand man in der Schleimhaut der Lachse Zellen, die Bestandteile von magnetischem Eisenoxid enthalten. Das löst das Rätsel jedoch nicht. Die Atlantik- [Bild 9] und Pazifik-Lachse leben seit Jahrmillionen getrennt voneinander. Man erinnere sich an den amerikanischen Kontinent zwischen ihnen. Die Magnetfelder in Ost und West sind unterschiedlich. Zudem können in der jahrmillionenalten Geschichte unseres Planeten mehrere Polsprünge nachgewiesen werden. Das Magnetfeld hat sich umgedreht. Und wenn wir schon beim Magnetfeld sind: Dieses würde niemals in einem eng begrenzten geografischen Raum derart divergieren, dass sich damit unterschiedliche starke

Bild 9

Zonen ergeben. Das heißt: Mehrere Flussläufe, die in einem Gebiet liegen und die von den Lachsen aufgesucht werden, würden für die Tiere kaum voneinander unterscheidbar sein. Welcher ist für sie der jeweils richtige?

Auch der Gedanke, die Fische würden sich an den Gestirnen orientieren, bringt kein Resultat. Bekanntermaßen ist die Erde keine perfekte Kugel. Sie ist an den Polen leicht abgeflacht – deshalb »eiert« sie. In der Astronomie nennt man diese Bewegung Präzession. Im Laufe von 25 800 Jahren sehen Menschen und Tiere immer wieder andere Sternbilder. Heute steht die Sonne zum Frühjahrsbeginn vor dem Sternbild der Fische. In 6450 Jahren wird es das Sternbild des Schützen sein, in 12 900 Jahren das Sternbild der Jungfrau, dann jenes der Zwillinge usw. Es hilft nichts, sich vorzustellen, irgendeine Form der Urlachse hätte sich ein Sternbild eingeprägt und an alle nachfolgenden Generationen weitergegeben. Lachse betreiben keine Astronomie. Und außerdem: Durch welchen magischen Zauberspruch verändern die Tiere nicht nur ihre Haut, sondern auch die Innereien und wechseln vom Süßwasser- zum Salzwasserfisch? Irgendwo las ich, die Tiere würden wegen der

Nahrung ihre Flüsse hinunterschwimmen, um in den fernen Ozean zu gelangen. Das ist Unsinn. Die Nahrung im Fluss ist genauso reich wie die im Ozean. Zudem kehren die Lachse – Männlein und Weiblein – schließlich in ihren (nahrungsschwachen?) Heimatfluss zurück.

Es ist auch vorgeschlagen worden, es sei der Geruchssinn der Fische, der sie exakt in ihr Heimatgewässer dirigiere. Wie bitte? Die Flüsse ergießen sich in die gigantischen Wassermassen der Ozeane. Dort, im Salzwasser (!), verliert sich auch der kleinste Spezialduft eines 1000 Kilometer entfernten Flusses. Die bisherigen Antworten sind also unbefriedigend. Man sollte im Hinterkopf behalten, dass jedes Lachsweibchen beim Ablaichen rund 30 000 Eier ins Wasser abgibt. Jedes Ei muss die genetische Information enthalten, die da in groben Zügen lautet: erwachsen werden, Aussehen und Organstruktur ändern, ins ferne Salzmeer schwimmen, den inneren Navigationscomputer entstehen lassen und – schließlich – an den Geburtsort zurückkehren. Wobei zu berücksichtigen ist, dass die Lachse diese Information nicht in einem Hunderte Millionen Jahre langen Evolutionsprozess erworben haben – nein, die Information befand sich bereits in den Genen des ersten Lachses. Sonst hätte die Lebensrunde niemals begonnen und fortgesetzt werden können.

Und weshalb ist die Gattung der Aale genau umgekehrt programmiert wie die Lachse? Der Reihe nach:

Die europäischen Aale leben einige Jahre im Süßwasser und schwimmen dann in die rund 6500 Kilometer entfernte Sargassosee. Sie tun also genau das Gegenteil von dem, was die Lachse machen. Jene schwimmen vom Salzwasser in Richtung der Oberläufe der Flüsse, ihren Geburtsort. Die Aale praktizieren es genau andersherum: Sie drängt es von den Flüssen in die ferne, salzige Sargassosee – *ihren* Geburtsort. Die Sargassosee liegt

Bild 10

zwischen Florida, den Bahamas und Bermudas und ist größer als das Mittelmeer. Dort laichen die Aalweibchen ab und sterben. Die Männchen bringen ihren Samen über den Laich, und es wachsen winzige Eier. Aus denen werden Larven, die sich mit den Meeresströmungen nach Europa treiben lassen. Hier reifen sie zu Jungaalen, die sich in großen Schwärmen die Flüsse hinaufkämpfen. Nach einigen Jahren werden die Weibchen unter ihnen geschlechtsreif. Dann verändert sich ihr Aussehen:

Aus dem dunklen Aal wird ein silbrig-glänzender, dem Meer angepasster Fischleib. Die Aale wollen zurück an ihren Geburtsort und schwimmen die Flüsse hinunter. Mitunter gibt es dabei Probleme. In einem Artikel über die Aalwanderungen schreibt Carsten Jasner: »Ist der Weg zum Fluss abgeschnitten, weil die Tiere in Teichen oder Tümpeln leben, schlängeln sie sich kurzerhand über Land.« [4] Möglich wird das durch die fantastische Anpassung der Tiere an ihre Umwelt mittels spezieller Kiemen und der Tatsache, dass sie durch die (feuchte) Haut atmen können. Zudem können sie sowohl im Süß- als auch im Meerwasser existieren.

Wie bei den Lachsen suchen hellwache Wissenschaftler nach den Gründen der Aalwanderung. Norwegische Forscher um die Meeresbiologin Caroline Durif legten die Tiere in geschlossene Tanks und setzten sie unterschiedlichen Magnetfeldern aus. Je nach Magnetfeld und Wassertemperatur orientierten sich die Aale in verschiedenen Richtungen. Doch welcher innere Zwang steuert sie Jahr für Jahr, ihre optimale Bedingungen bietende, nahrungsvolle Flusslandschaft zu verlassen und die Tausende von Kilometern entfernte Sargassosee anzupeilen? Bei den riesigen Distanzen und unterschiedlichen Meeresströmungen hilft die Version vom »Heimatgeruch« nicht weiter. Auch die Lösungsvorschläge, es liege am Nahrungsangebot, an der Wassertemperatur oder am Magnetfeld, klingen hohl. Unzählige andere Lebensarten wären davon genauso betroffen, doch sie denken nicht daran, ihr Verhalten dem der Aale anzupassen.

Darüber hinaus gibt es ein weiteres schlangen- oder fischähnliches Wesen: den Zitteraal *(Electrophorus)*. Dieses Ding gehört überhaupt nicht zu den Aalen, wie der Name suggeriert. [Bild 10] Zitteraale zählen zu den Meeresfischen. Aber – und damit beginnen die Evolutionssprünge – Zitteraale sind Luftatmer.

Durchschnittlich alle 10 Minuten müssen die Tiere an die Oberfläche und Luft einatmen. Den verbrauchten Sauerstoff scheiden sie über die Kiemen wieder aus. Die aktuelle Meeresbiologie unterscheidet drei verschiedene Arten von Zitteraalen, die sich bereits im Miozän, das vor rund 23 Millionen Jahren begann, trennten. Zitteraale verfügen über furchterregende Waffen, mit denen sie ihre Beutetiere durch elektrische Schläge umbringen. Bereits der weltberühmte Forschungsreisende Alexander von Humboldt (1769–1859) beschrieb ein Erlebnis, wie Indios am Amazonas in seiner Gegenwart Zitteraale fingen, dabei aber mit einer besonderen Methode zu Werke gingen, um von den elektrischen Schlägen verschont zu bleiben. Doch woher kommt die Elektrizität im Körper der Zitteraale?

Dieser Frage ging der Biologe und Neurologe Prof. Dr. Kenneth Catania von der Vanderbilt-Universität in Nashville, Tennessee, USA, nach. [5] Er fand heraus, dass sich im Körper der Zitteraale drei Organe entwickelten, die Elektrizität produzieren, und zwar mit Spannungen von bis zu 860 Volt. (Zum Vergleich: In unserer Gesellschaft gelten 500 Volt als Hochspannung, der man sich nur mit dicken Gummihandschuhen nähern sollte.) Jedes der drei Organe besteht aus stromerzeugenden Elementen, die sogenannte Elektrocyten produzieren. Üblicherweise – so Professor Catania – gibt nur eine Kammer ihre Elektrocyten an die Außenwelt ab. Bei sehr starken Stromschlägen schalten sich hingegen alle drei Kammern zusammen und produzieren bis zu 6000 Elektrocyten. Dies ergibt dann die Hochspannung.

Alexander von Humboldt erlebte persönlich, wie die Indios am Amazonas Pferde ins Wasser trieben und wie diese Tiere von den Zitteraalen mit Stromschlägen buchstäblich bombardiert wurden. Humboldt beschrieb, wie die Pferde, von den starken, unaufhörlichen Schlägen betäubt, versanken. »Andere, schnaubend mit gesträubter Mähne, wilde Angst im starren Auge, raffen sich wieder auf und suchen zu entkommen …« [6]

Offensichtlich hat die eigenartige Evolution jene tödlichen Stromschläge entwickelt, bevor die Menschen den elektrischen Stuhl erfanden. Nur wie? Alle drei Arten von Zitteraalen beherrschen diese elektrische Waffe, die einen mit etwas mehr Spannung als die anderen. Doch der Befehl zur Entstehung der elektrizitätsproduzierenden Organe muss schon vor über 23 Millionen Jahren im Genom der Tiere existiert haben. Sonst würden nicht alle drei über die Erde verteilten Zitteraalvarianten die Fähigkeit beherrschen, Hochspannung zu erzeugen. Wie sich diese Organe in einem Prozess von Millionen von Jahren entwickelt haben sollen, bleibt unerfindlich. Hat's langsam im Bauch gekitzelt? Und wenn das Tier ein anderes Tier berührte, weshalb entlud sich der elektrische Schlag nur auf das Beutetier und nicht auch auf den Zitteraal? Schließlich befinden sich beide Tiere im Wasser. Und dass Wasser Strom leitet, weiß jedes Kind. Durchzuckte im Laufe der Evolution plötzlich ein elektrischer Schlag einen Zitteraal? Weshalb starb er nicht selbst daran und unterbrach die Evolutionskette? Müsste der erste Hochspannungsschlag nicht auch für den Zitteraal selbst ein Moment gewaltigen Schreckens gewesen sein? Wie dosiert das kleine Gehirn des Aals, ob eine sehr starke oder schwache Ladung Elektrizität notwendig ist, um den Feind kaltzustellen? Es müssten ja blitzschnell Entscheidungen gefällt werden – Strom aus einem oder aus allen drei Organen? Sonst ist der Aal gefressen.

Ich habe große Mühe, mir eine langsame Entwicklung von etwas wie einem Elektrizitätswerk im Körper eines Zitteraals vorzustellen. Es kann nicht sein, dass alle Zitteraale ihre Waffen unabhängig voneinander entwickelten. Schließlich beherrscht die gesamte Gattung das Kunststück. Also liegt es wieder einmal am Genom, an der Jahrmillionen alten Botschaft in den Genen. Der Glaube, die Evolution habe endlos Zeit für jede Variante gehabt, ist genau das, was das Wort ausdrückt: Glaube.

Seit es immer raffiniertere Kameras gibt und brillante, blitzgescheite und unendlich geduldige Menschen, werden Tierfilme gedreht, die uns wieder das Staunen lehren. Einer dieser sensationellen Filme, produziert vom britischen Dokumentarfilmer Nick Stringer und seinem Kameramann Rory McGuinness, trägt den Titel *Tortuga* und ist auch in einer Kinoversion zu bestaunen. [7] Gezeigt wird das Leben von Unechten Karettschildkröten, die Jahr für Jahr an ihren Geburtsstrand zurückkehren, um dort ihre Eier in den Sand zu legen. So schlüpfen allein an den Stränden Floridas rund 2 Millionen dieser Schildkröten. Es kann 3 Tage dauern, bis sich das Schildkröten-Baby aus dem Ei befreit hat. Die Distanz vom Geburtsloch bis zum Strand ist eine Todesbahn. Der Panzer des Tierchens ist noch nicht gehärtet, und so werden die Jungschildkröten zu Abertausenden von den lauernden Möwen, anderen Vögeln, Kojoten und großen Krabben verschlungen. Die Schildkrötchen haben keine Waffen. Hektisch hetzen sie über den Strand, über Steine und Äste. Eine innere Panik scheint sie zu treiben. Ja nicht ausruhen – auf dem geraden Weg Richtung Brandung. Dort tauchen sie – und werden von den nächsten Fressfeinden, von Meeresbewohnern aller Art, verschluckt. Die überlebenden Schildkröten paddeln rund 70 Kilometer und ruhen sich an Algenteppichen aus. Anschließend rudern sie Tausende von Kilometern durch den Nordatlantik bis Neufundland, von dort in die wärmeren Gewässer der Azoren und endlich zurück ins Karibische Meer. 20 Jahre jagen sie herum und kehren schließlich an ihren Geburtsstrand zurück. Andere Schildkröten *(Chelonidae)* wie etwa die Echte Karettschildkröte schlüpfen auf der Atlantikinsel Ascension und verbringen den größten Teil ihres

Lebens an Brasiliens Küste – bis auch sie wieder an ihren Geburtsort – 2000 Kilometer entfernt – zurückkehren. [Bild 11]

Der Name Karettschildkröte *(Eretmochelys imbricata)* entstammt dem spanischen Wort carey (= Hornplatte). Neben der Echten Karettschildkröte gibt es auch die Unechte Karettschildkröte – eben jene, die gleich millionenfach an Floridas Stränden schlüpft. [Bild 12] Insgesamt existieren auf unserem Planeten sieben verschiedene Arten von Schildkröten. Alle sind Lungenatmer. Beim Tauchen verändert sich ihr Stoffwechsel. Das Blut wird mit Kohlendioxid (CO_2) angereichert, und die Tiere müssen durchschnittlich alle 30 Minuten auftauchen, um das CO_2 durch frischen Sauerstoff zu ersetzen. Ursprünglich stammen alle Schildkrötenarten von Landschildkröten ab, die irgendwann im späteren Paläozoikum – das den Zeitraum von 541 bis 252 Millionen Jahren vor unserer Zeit umfasst – ins Wasser watschelten. Aus ihren Füßen und Greifwerkzeugen entwickelten sich Paddel, allmählich – wie immer über Millionen von Jahren hinweg – soll sich ihr Körper angepasst haben. Ihr Panzer veränderte sich, dabei verloren die Meeresschildkröten die Fähigkeit, bei Gefahr ihren großen Kopf unter dem Panzer zu verstecken, was ihre Verwandten, die Landschildkröten, heute

Bild 11

Bild 12

noch praktizieren. Um den Salzgehalt zu regeln, wuchsen im Körper der Meeresschildkröten Salzdrüsen.

Was sich bei der Geburt dieser Tiere an Floridas Küsten abspielt, wiederholt sich auf anderen Erdteilen, etwa in Borneo, auf den Philippinen, in Malaysia oder auf der Atlantikinsel Ascension. Wie auf ein übernatürliches Kommando hin tauchen plötzlich Unmengen von Schildkröten aus dem Wasser. Die weiblichen Tiere schlurfen nachts an den Strand und graben ein Loch in den Boden. Die Eier werden aus dem Körper gepresst und dort hineingelassen, die Grube wieder mit Sand bedeckt. Tags darauf erhitzt die Sonne die Löcher und brütet die Eier aus. Bei einer Temperatur von über 29,9 Grad Celsius entstehen Weibchen, darunter Männchen.

Alles Evolution – oder was?

Dass sich verschiedene Tierarten in Schwärmen bewegen, ist allgemein bekannt. Und für dieses Schwarmverhalten gibt es durchaus natürliche Erklärungen. So etwa tauchen an den Küsten Südafrikas Jahr für Jahr gigantische Sardinenschwärme auf. Abermillionen von Fischleibern formen sich zu einem Teppich von 1 Kilometer Breite und 12 Kilometern Länge. Der Grund für dieses Spektakel liegt bei zwei Meeresströmungen, die bei der Agulhas Bank, einem Küstenstreifen Südafrikas, zusammenfließen. Der warme Indische Ozean vermischt sich mit dem kälteren Wasser des Atlantiks. Der Fischlaich der Sardinen hat keine andere Wahl, als durch die Strömungen mitgezogen zu werden. Ein wirkliches Rätsel der Sardinenschwärme bleibt hingegen ihr Verhalten untereinander. Obwohl kein Leittier existiert, das irgendwelche Kommandos übermittelt, bewegen sich die Millionen Fische im Gleichtakt oder vollführen blitzschnell dieselben Manöver, ohne sich dabei je in die Quere zu kommen. Keine Sardine berührt die andere. Beherrschen die Tierchen so etwas wie Telepathie? Die Entstehung des Schwarms ist in diesem Falle kein Rätsel – das gemeinsame Verhalten der Tiere schon.

Mühsam werden die evolutionstheoretischen Erklärungen bei Lebensformen, die ihr Geschlecht umwandeln können oder gleich zweigeschlechtlich sind. Über den Saugwurm, der männliche und weibliche Geschlechtsorgane besitzt und sich auch selbst befruchten kann, berichtete ich schon. Oder die männliche Krabbe, die zur weiblichen mutiert. Dann alle Landschnecken. Sie verfügen sowohl über weibliche als auch männliche Geschlechtsorgane. Oder der Clownfisch *(Amphiprion)*, bekannt durch den Film *Findet Nemo*. [Bild 13] Clownfische leben in Gruppen, die stets von einem Weibchen dominiert werden. Stirbt das Weibchen, so mutiert das stärkste Männchen zum Weibchen.

Bisweilen produzierte die allwissende Evolution unmögliche Formen. Beispielsweise die Seepocke *(Balanidae)*. Die klammert sich an Muscheln, Schneckenhäuschen oder Buckelwale.

Bild 13

Ist dies geschehen, kann die Seepocke ihren Standort nicht mehr wechseln. Sie bleibt an ihren Wirt gekoppelt. Auch Seepocken sind Zwitter – sie befruchten sich gegenseitig. Da die Seepocke fest an ihrem Wirt klebt, entwickelte sie einen Riesenpenis, der achtmal länger ist als sie selbst. Mit diesem Prachtorgan tastet sie ihre Umgebung nach Geschlechtspartnern ab. Die Eier der Seepocke wachsen zu Larven heran, daraus entsteht ein dünner Panzer, und der heftet sich an einen Wirt. Ginge das nicht einfacher?

In Australien entdeckten Biologen eine winzige Meeresschnecke *(Siphopteron quadrispinosum)*, die – im Verhältnis zu ihrem Körper – ebenfalls einen Riesenpenis besitzt, der sich zudem in zwei Röhrchen spaltet. Das eine Röhrchen ist spitz wie eine Injektionsnadel. Damit spritzt die Schnecke ihrem Partner eine lähmende Flüssigkeit in den Körper, quasi K.-o.-Tropfen.

Anschließend spritzt das zweite Röhrchen Spermien hinein. Der brillante Evolutionsbiologe Prof. Dr. Nico Michiels von der Eberhard Karls Universität Tübingen meinte dazu: »Das erinnert stark an eine Vergewaltigung.« [8]

Diese gleichgeschlechtlichen Lebensformen nennt man Zwitter (Hermaphroditen), und sie kommen in der Natur oft vor. Ihre Nachkommen sind Kopien (Klone) ihrer selbst, was sie nicht daran hindert, sich im Laufe ihres Lebens individuell zu verändern. Zwitter im Tierleben können sich vermehren – bei uns funktioniert das nicht. Gleichgeschlechtliche Menschen können miteinander keine Nachkommen zeugen.

Neben der geschlechtlichen Fortpflanzung kennt »die Natur« (darauf komme ich später zurück) die ungeschlechtliche Vermehrung, im Volksmund als Jungfernzeugung bekannt. Diese praktizieren Wespen und Bienen, ferner Blattläuse und einige Fischarten. Die Evolutionstheorie erklärt dies dadurch, dass die Hormone den Eizellen eine Befruchtung vorgaukeln und diese deshalb beginnen, sich zu teilen. Aber wie soll das bitte funktionieren? Verfügen die Hormone über so etwas wie geistige Schwingungen, die Wünsche zur Realität werden lassen?

Evolution ist Anpassung, Veränderung und endlos viel Zeit, der man alles zumutet. Auch das Unmögliche. Da existieren auf unserem Planeten neunzig verschiedene Walarten, die ursprünglich alle von einem Urwal abstammen. Wale sind Säugetiere. Der Vorfahre des Urwals lebte auf dem Land, und die Evolutionstheoretiker sind überzeugt, dieser Vorfahre sei eng mit den Paarhufern *(Artiodactyla)* verwandt. Dann, im Eozän vor 50 Millionen Jahren, begann die Verwandlung vom Paarhufer zum Wassertier. Beide Tierarten verfügen über ein sehr ähnliches Sprungbein. Als Bindeglied gilt ein Wesen, das man »laufender Wal« *(Ambulocetus)* nennt. Die entsprechenden Fossilien wurden in Pakistan entdeckt und haben eine Länge von 3 Metern. Dieser laufende Wal konnte sowohl schwimmen als auch sich an Land bewegen, ähnlich einem Seehund. Der Klimawandel habe das Tier gezwungen, sich mehr und mehr im Wasser aufzuhalten. Über die Jahrmillionen hinweg entwickelten sich daraus Flusspferde und aus denen schließlich die Wale.

Dies entspricht in wenigen Sätzen der Entwicklungsgeschichte der Wale. Sie ist auch unter den Fachleuten nicht unumstritten, denn Knochenfunde von Walen lassen sich über einen Zeitraum von 50 Millionen Jahren nachweisen – solche von Flusspferden erst seit 15 Millionen Jahren.

Ob Flusspferd oder ein anderer Vorfahre – irgendein Tier *muss* der Urvater der Wale sein. Je nach geografischer Breite und Wassertemperatur mutierten aus diesem Urvater Bartenwale *(Mysticeti)* oder Zahnwale *(Odontoceti)*. Die Erstgenannten filtrier(t)en über ihre Mäuler nur Plankton – und wuchsen dennoch zu Giganten der Meere heran, die Zweitgenannten wurden Räuber und Fleischfresser. [Bilder 14, 15, 16] Der Blauwal *(Balaenoptera musculus)* wird bis zu 33 Meter lang, 200 Tonnen

Bild 14

Bild 15

Bild 16

schwer und ist das größte Tier auf Erden. Und aus diesen Typen entstanden rund neunzig Ableger mit unterschiedlichen Eigenschaften. Doch Gemeinsamkeiten haben sie alle.

Wale atmen Luft – wie übrigens auch ihre Verwandten, die Delfine. Je nach Walart halten sie es einige Minuten bis zu 2 Stunden unter Wasser aus. Die Säuglinge der Wale werden mit voll entwickelten Körpern geboren. Da die Geburt unter Wasser stattfindet, muss die Walmutter ihr Junges sofort an die Oberfläche bugsieren, sonst erstickt es. Anschließend sucht das Junge die Mutterbrust – unter Wasser, versteht sich. Da das Junge über keine Lippen verfügt, mit denen es saugen könnte, spritzt die Mutter ihre Milch mit kräftigem Muskeldruck direkt ins Maul ihres Säuglings.

Im Laufe der Jahrmillionen entwickelten sich aus den Beinen eines ehemaligen Paarhufers Flossen. Man nennt sie Flipper. Mitten auf dem Rücken, auf dem der einstige Paarhufer nichts hatte, was nach einer Erhöhung aussah, wuchs eine zusätzliche Flosse, genannt Finne. Sowohl die Flipper als auch die Finne machen eine Steuerung im Wasser erst möglich. Ohne sie würde der Wal im nassen Element torkeln. Im hinteren Teil des riesigen Körpers entstand eine gewaltige Schwanzflosse aus beweglichen Knorpeln. Die Genitalien des Männchens und die Milchdrüsen des Weibchens konnten nunmehr wasserdicht in den Körper gezogen werden. Die Nasenlöcher der Wale, die beim Paarhufer (oder Flusspferd?) vorn im Gesicht saßen, wuchsen jetzt am Oberteil des Kopfes und mutierten zum Blasloch. Lang gestreckte Köpfe in Stromlinienform entstanden. Unter der Haut der Tiere wuchs eine dicke Speckschicht, Blubber genannt. Auf der Außenhaut entwickelte sich ein feines Relief, das Wirbelbildungen des Wassers verhindert. Tatsächlich bewiesen Versuche in großen Wassertanks und Aquarien, dass Delfine über eine wirkungsvollere Reibungsfläche verfügen als vom Menschen hergestellte Festkörper mit der gleichen Stromlinienform.

Die Evolution ließ Lungen entstehen, die 90 Prozent der aufgenommenen Sauerstoffmenge verarbeiten können. Beim Menschen sind es 15 Prozent. Je nach Walart erreichen die Tiere Tauchtiefen von 100–3000 Metern. Das sind 3 Kilometer unter Wasser! Pottwale erreichen diese Tiefen ohne Probleme und können zudem bis zu 90 Minuten unter Wasser bleiben. Ihre Verwandten, die Entenwale, schaffen es sogar bis zu 2 Stunden. Zur Kommunikation untereinander erschuf die Evolution ein System von quäkenden Tönen – Menschen nennen diese Walgesang –, die im Wasser über mehrere Hundert Kilometer hörbar sein sollen. Forscher analysierten insgesamt 622 verschiedene Tonfolgen in unterschiedlichen Frequenzen. Und noch eine Seltsamkeit: Pottwale können bis zu 100 Jahre alt werden, Grönlandwale erreichen sogar ein Alter von 200 Jahren.

Eigentlich müssten all diese Mutationen ausreichen, um die blitzgescheiten Evolutionstheoretiker mit Fragen zu durchlöchern. Aber es wird noch toller: Unter den Walen existiert ein außergewöhnliches Exemplar, der Narwal *(Monodon monoceros)*. Diese Art wird nur rund 5 Meter lang und knapp 2 Tonnen schwer. Narwale bevorzugen die Kälte. Ihr Jagdgebiet ist das grönländische Packeis. Die Narwale besitzen etwas, das ihren Verwandten fehlt: einen bis zu 3 Meter langen und 10 Kilogramm schweren Stoßzahn. Der entwickelte sich aus dem linken Eckzahn des Oberkiefers der Männchen und ist schraubenförmig gegen den Uhrzeigersinn gedreht. Narwale benutzen ihre Stoßzähne als Waffen – auch gegeneinander. Über Jahrhunderte hinweg wurde ihr Elfenbein als exquisite Trophäe gesammelt und dementsprechend mit Gold aufgewogen. Kirchenväter und Königshäuser, doch auch Museen erstanden Narwalzähne. Man betrachtete sie als das Elfenbein des

See-Einhorns und dichtete ihnen verschiedene Heilkräfte an. Heute noch sind im Venusdom von Venedig zwei Narwalzähne zu bestaunen, die Kreuzritter in Konstantinopel gestohlen hatten. Und im Jahr 1671 wurde der dänische König Christian V. (1646–1699) auf einem Thron aus Narwalzähnen gekrönt. Ein 2,70 Meter langes Exemplar eines Narwalzahnes wird im Deutschen Ledermuseum in Offenbach (Main) ausgestellt. Weshalb entwickelte von den neunzig Walarten nur der Narwal einen Stoßzahn? Die Evolution vollführt interessante Sprünge. Und sie wirft berechtigte Fragen auf:

- In der Haut der Lachse gibt es Zellen, die Bestandteile von magnetischem Eisenoxid enthalten. Dies sei die Ursache, dass Lachse sich am Magnetfeld orientieren können. Aber das Magnetfeld der Erde änderte sich ständig. Was existierte zuerst? Die Schleimhaut mit Eisenoxid oder die Lachswanderung? Und welches Wunder steuert die Aale in die exakte Gegenrichtung?
- Was zwingt die Unechten Karettschildkröten an ihren Geburtsstrand nach Florida, obwohl sie dort zu Zehntausenden gefressen werden, und die Echten Karettschildkröten an ein völlig anderes Ziel: zur Atlantikinsel Ascension?
- Der Ruderfußkrebs muss die Larve eines Bandwurms fressen. Dieser Krebs wiederum muss von einem Fisch namens Dreistachliger Stichling verschlungen werden. Ausschließlich in ihm wächst seine Larve des Bandwurms. Diese Larve wird ausgeschieden und muss in den Darm eines Vogels gelangen. Woher sollen der Bandwurm, dann der Krebs, anschließend der Dreistachlige Stichling und danach noch ein Vogel diese Entstehungskette kennen? Wenn ein einziges Glied fehlt, entsteht kein Bandwurm.

- Dasselbe gilt für den Kleinen Leberegel. Woher soll er wissen, dass seine Larven nur über den Kot von Weidetieren weitergegeben werden? Und wenn er es gar nicht weiß – wie die Evolutionstheoretiker annehmen –, weshalb tut er es dann?
- Die Darwin-Rindenspinne webt Riesennetze mit Spinnfäden, die bis zu 25 Meter lang werden und stärker als Kevlar sind. Welcher Geist soll die Chemie in den Spinndrüsen auf eine Weise programmiert haben, dass diese Fäden entstehen können. Was war zuerst da: der lange oder der starke Faden? Eines funktioniert nicht ohne das andere. Ein halblanger Faden reichte nicht über den Teich – und der erste lange Faden verfügte nicht über die notwendige Zugkraft.
- Welcher Evolutionsmotor schenkte sowohl Sardinen als auch Heringen die Fähigkeit, sich zu Hunderttausenden innerhalb einer Zehntelsekunde gemeinsam zu bewegen?
- Alle Schildkröten sind Lungenatmer. Tauchen ist gegen ihre Natur. Eine langsame Anpassung ihrer Lunge, die ihr Blut unter Wasser mit Sauerstoff anreichert, ist nicht möglich.
- Evolution soll für die betreffende Lebensform Vorteile schaffen. Doch die Meeresschildkröten können ihren Kopf bei Gefahr nicht mehr unter ihren Panzer ziehen – ein evolutionärer Rückschritt im Vergleich zur Landschildkröte.
- Der Einschlag des Meteoriten Chicxulub soll vor rund 66 Millionen Jahren alle Saurierarten getötet haben. Der Krater liegt auf der mexikanischen Halbinsel Yucatán. Weshalb brachte(n) die Hitze oder die Gase des Meteoriten nicht gleich sämtliche Tierarten um? Sie betrafen doch den gesamten Globus.

- Ein Klimawandel habe die Paarhufer ins Wasser getrieben. Und was war mit den unzähligen anderen Landbewohnern? Der Klimawandel betraf nicht nur die Paarhufer.
- Die australische Meeresschnecke besitzt zwei Penisse. Welcher entwickelte sich zuerst? Konnte die Schnecke ihren Samen erst abstreifen, nachdem der erste Penis seine »Lähmungstropfen« injiziert hatte?
- Die Walmütter spritzen den Jungen ihre Milch direkt ins Maul. Dies geschieht unter Wasser und durch den Druck der Muskeln. Wie soll sich dieser Vorgang langsam entwickelt haben?
- Sofort nach der Unterwassergeburt müssen die Waljungen an die Oberfläche bugsiert werden, sonst ertrinken sie. Dieses Verhalten kann sich nicht langsam entwickelt haben – sonst gäbe es keine Wale mehr. Der Nachwuchs wäre bei der Geburt ertrunken.
- Wasserspinnen bugsieren eine Luftblase unter Wasser, um dort atmen zu können. Existierte irgendwann eine Urwasserspinne, die dieses Verhalten entwickelte? Wie soll sie dies an ihre Nachkommen weitergegeben haben?

Widersprüche? Ungereimtheiten? Getreu dem Darwin'schen Grundgedanken erklären die Evolutionstheoretiker alles mit den Jahrmillionen, die die Entwicklung Zeit gehabt habe, sich anzupassen. Die Evolution spielte und probierte, ob und bis etwas passte. Doch halbe Lungen, viertel Flügel, ein unfertiger Penis oder nur ein Zwanzigstel Magnetfeld, das wahrgenommen wird, funktionieren nicht. Genauso wenig wie ein Hering- oder Sardinenschwarm, bei dem nur die Hälfte der Tiere ihre blitzschnellen, synchronen Bewegungen vollführt. Das Kommando »rechts – viertellinks – 2 Meter nach oben« betrifft alle Tiere des gesamten Schwarms. Und die Millionen von Fischen

Bild 17

Bild 18

anderer Schwärme praktizieren dasselbe Verhalten genauso. Also ist es angeboren. Dementsprechend muss die Botschaft bereits im Fischlaich existiert haben – genetische Information millionenfach durch die Zeiten.

Da existiert ein Wesen mit dem Familiennamen Pistolenkrebs *(Alpheidae)*. Bis heute kennt man 36 verschiedene Gattungen, die nochmals in 600 Arten unterteilt werden. Alle Tiere stammen von einem Ur-Ur-Krebs ab und leben in den Tropen, vereinzelt im Brackwasser, doch auch in Korallenriffen und der Tiefsee. Die Tierchen sind mehr als nur Zwitter, denn die Männchen können sich nicht nur in Weibchen verwandeln, sondern sogar vom Weibchen wieder zurück in Männchen. [Bild 17] Der Biologe Prof. Dr. Emmett Duffy vom Virginia Institute of Marine Science in Gloucester Point, Virginia, USA, konnte sogar beweisen, dass diese Krebsart – vergleichbar mit den Ameisen – regelrechte Staaten bildet. [9] Außergewöhnlich an diesen Tierchen ist ihre Fähigkeit, mittels eines Wasserstrahls blitzschnell einen Knall zu produzieren, der gleichzeitig einen Lichtblitz verursacht. Dieser Knall ist 200 Dezibel laut. Zum Vergleich: Der Lärm eines Düsenjets beträgt rund 120 Dezibel. Dabei explodiert eine mit Dampf gefüllte Blase – die sogenannte Kavitationsblase – bei einer Temperatur von bis zu 4700 Grad Celsius. Logisch, dass jeder Angreifer ob dieses Knall- und Lichteffekts sofort die Flucht ergreift. Welche genetischen Veränderungen waren notwendig, um diese Waffe etappenweise zu entwickeln?

Die Evolutionsbiologie hat für das Entstehen und Verhalten unzähliger Arten plausible Erklärungen, für andere definitiv nicht. Nachfolgend ein Beispiel, das ich bereits in einem früheren Buch zur Sprache brachte. [10]

Unter all den Käfern der Erde tummelt sich ein phänomenales Wesen: der Bombardierkäfer *(Brachininae)*. [Bild 18] Dieser erschreckt und tötet seine Feinde durch eine Giftmischung, die mit 100 Grad Celsius aus einer Explosionskammer des Hinterleibs schießt. Das Sekret ist aus den Chemikalien Hydrochinon und Wasserstoffperoxid sowie den Enzymen Katalase und Peroxidase zusammengesetzt. Diese Mischung ergibt einen Katalysator aus giftigem Benzochinon. Sobald sich der Bombardierkäfer bedroht fühlt, explodiert dieses Gemisch zwischen seinen Beinen und schießt gezielt auf das Gesicht des Angreifers. Die unterschiedlichen Chemikalien gelangen über sehr dünne Röhrchen in die Explosionskammer. Nach jeder Explosion schließt sich diese Kammer blitzartig, um bei der nächsten Explosion wieder betriebsbereit zu sein. Noch verblüffender: Zwei winzige Reflektoren – je einer an jeder Seite – sorgen dafür, dass der Käfer sogar um die Ecke schießen kann. Sein Gift tötet nicht nur kleine Angreifer, sondern auch Kröten, die hundertmal größer sind als er.

Wie soll sich eine derartige Waffe langsam im Käferleib entwickelt haben? Die Wand der Explosionskammer besteht aus einer Art widerstandsfähigem Überzug aus Proteinen und Chitin. Wie sollen sich – von Generation zu Generation – die chemischen Baustoffe langsam im Körper gebildet haben? War zuerst eine leere Explosionskammer da und tröpfelten dann die Zutaten hinzu? Wann entwickelte sich die Drüse, die sich durch den Befehl des Käfers in eine exakte Zielrichtung steuern lässt? Wann die seitlichen Reflektoren? Und die Explosionskammer mit ihren beiden Ventilen? Eigentlich müsste sie bereits vorhanden gewesen sein, bevor sich die Chemikalien bildeten. Die Zutaten müssen schließlich in voneinander getrennten Kammern entstanden sein, ansonsten wäre der Käfer beim Zusammentreffen der Chemikalien selbst explodiert – Evolution abgebrochen. Was ist mit der winzigen Klappe, die sich vor jedem Schuss rasch öffnet und gleich wieder schließt? Würde auch nur 1 Gramm des Gemisches auf die Haut des Käfers tröpfeln, wäre es mit ihm vorbei. Und dann der Verstand des Tierchens: Gekoppelt an seine Sinnesorgane – die Augen, den Geschmack, die Sensoren, um die Vibration des Gegners wahrzunehmen – muss der Verstand den Chemikalien in den unterschiedlichen Kammern den Befehl erteilen, jetzt auszutreten und sich zu mischen. Dies blitzartig, wenn ein Feind auftaucht. Gleichzeitig muss die Schießdrüse wie ein Kanonenrohr auf den Gegner ausgerichtet werden. Dann das Kommando zum Schuss. Durch welchen »Geist« sollen die Einzelteile dieses Waffensystems zusammengekommen sein, ohne sich gegenseitig auszuschalten? Wünschte sich der Käfer von seinem Körper, er möge jetzt zusätzlich zu den bereits vorhandenen inneren Organen noch zwei Drüsen mit unterschiedlichen Chemikalien entwickeln? Dazu eine Explosionskammer, eine sich blitzartig öffnende und schließende Kanonenklappe? Zwei äußere Reflektoren aus sehr widerstandsfähigem Material? Die müssen nicht nur die aggressiven Säuren aushalten, sondern auch die Temperatur von bis zu 100 Grad Celsius. Nur eine einzige Chemikalienkammer hätte nichts genutzt. Zur Giftmischung brauchte es zwei. Eine zielgerichtete Drüse *ohne* die Klappe, die sich blitzartig öffnete und schloss, hätte die Chemikalien nicht aus dem Körper treten lassen. Das gesamte System funktionierte nur in perfekter Zusammenarbeit. Wie sollen sich die unterschiedlichen Komponenten dieser Schleuder dann aber langsam, nach und nach, entwickelt haben?

Noch grotesker wird es bei den phänomenalen Sinnesorganen der Fledermäuse *(Microchiroptera).* [Bild 19] Von diesen

Bild 19

Tieren existieren weltweit rund 1000 verschiedene Arten, und sie können seit rund 50 Millionen Jahren nachgewiesen werden. Mit Ausnahme der Antarktis sind sie auf allen Kontinenten verbreitet. Seltsam ist schon ihr Sexualverhalten. Die Tierchen leben in Gruppen, und zum Schlafen hängen sie an ihren Füßen von der Decke. Nun fliegt ein paarungswilliges Männchen im Dunkeln auf ein Weibchen zu und umklammert es. Durch einen Biss in den Nacken erwacht das Weibchen, und die beiden betreiben Sex. Irgendeine Werbung oder ein Brauttanz findet nicht statt. Nach der Begattung schläft das Weibchen weiter, aber – und dies ist entscheidend – die Befruchtung der Eizelle erfolgt nicht sofort nach der Spermaabgabe, sondern erst Wochen oder Monate später, wenn der Winterschlaf beendet ist. Dieser Mechanismus verhindert, dass die Jungen in der kalten Winterzeit geboren werden. Seltsam. Ein evolutionärer Prozess soll das Sperma in einer Wartekammer festhalten, bis die Zeit reif ist? Manchmal Tage, Wochen oder gar Monate?

Absolut sensationell ist das Ortungssystem dieser Fledermäuse. In kurzen Folgen stoßen sie mehrere Töne aus, darunter solche von 1 Hundertstelsekunde Dauer. Dies in Frequenzen zwischen 9 und 200 kHz. Was soll daran besonders sein? Andere Tiere – vom Wal bis zum Hund – geben auch Laute von sich. Nun, die von der Fledermaus ausgestoßenen Töne werden von Insekten, auch von winzigen, gerade mal 3 Millimeter großen Taufliegen, reflektiert. Und die Fledermäuse verfügen über bewegliche Ohren, die sich drehen und neigen lassen. Registriert das linke Ohr ein Echo um den Bruchteil einer Sekunde früher als das rechte, so weiß die beflügelte Maus, in welche Richtung sie fliegen muss. Der ganze Körper des Tierchens ist auf Echolotung spezialisiert. Die Fledermaus bringt es fertig, alle Signale in der korrekten Reihenfolge zu sortieren und ihren Flügeln die Kommandos zur blitzschnellen Änderung der Flugbahn zu befehlen. Dabei berechnet ihr Gehirn auch die Verschiebungen des Schalls durch den Dopplereffekt. Dieser entsteht durch die Bewegung der Objekte. (Das lang gezogene Hupsignal eines Autos klingt beim sich annähernden Fahrzeug anders als beim sich entfernenden.) Versuche mit Fledermäusen, denen die Augen zugeklebt wurden, ergaben verblüffende Resultate: Die Fledermaus umflog auch ohne die Möglichkeit des Sehens die kleinsten Hindernisse wie aufgespannte Drähte von einem Viertelmillimeter Dicke. Das Gehirn der Fledermaus verarbeitet die hereinkommenden Echos nicht irgendwie, sondern auch *zeitlich* in der richtigen Reihenfolge. Wie weit entfernt ist das Zielobjekt? Wie groß ist es? In welcher Richtung bewegt es sich? Auf mich zu oder von mir weg? Befindet sich im Hintergrund eine Wand oder ist der Raum offen? Welche Hindernisse – Buchregale, Vorhänge, Bilder, Stromkabel – verändern das Flugverhalten? Die Analyse der eingehenden Daten geschieht innerhalb von Millisekunden. Dabei sollte stets bedacht werden, dass sich sowohl die Fledermaus als auch ihr Zielobjekt im Flug befinden. Die eingehenden Informationen ändern sich alle Hundertstelsekunden.

Unsere Radarsysteme registrieren Flugzeuge in 300 Kilometern Entfernung. Sie können jede Bewegung des Zielobjektes erfassen, auch bis in die Nähe von 1 Kilometer. Aber wir beherrschen keine derartig ausgefeilte Technik, um ein 1 Millimeter großes Zielobjekt in einem engen Raum zu erfassen und zu verfolgen. Ein Dachboden mag eine Dimension von 20 Metern Länge und Breite bei einer Höhe von 3 Metern haben, also einen Rauminhalt von 1200 Kubikmetern. Die Fledermaus beherrscht sowohl den Raum als auch das Zielobjekt. Man vergleiche ihre Möglichkeiten mit der Rechenkapazität eines Computers, der in Zehntelsekunden ununterbrochen neue Zielpositionen ausrechnen muss, weil sich sowohl das Opfer als auch der Jäger im oben genannten Raum ständig bewegen – nicht nur in einer Richtung, sondern vorwärts, rückwärts, nach oben, unten, seitlich weg, dabei Hindernisse umkurvend und Größe, Geschwindigkeit, Farbe sowie Temperatur von Opfer und Jäger berücksichtigend. Wir besitzen keine vergleichbare Technologie. Die Evolution macht's jedoch möglich.

Sie schuf auch eine Untergattung der normalen Fledermäuse: die Vampirfledermaus *(Desmodontinae)*. Dabei handelt es sich um die einzigen Säugetiere, die sich vom Blut anderer Säuger ernähren; zudem können sie senkrechte Wände erklimmen. Wie ihre Verwandten senden die Tierchen Signale aus und messen die Größe und die Körpertemperatur eines Opfers. Dann fliegt das Tier lautlos zum Beispiel ein Rind an und steuert gezielt auf jene Hautstelle zu, unter der eine Vene liegt. Jetzt wird die Haut darüber mit Speichel beleckt – der enthält eine betäubende Substanz –, das Opfer spürt nichts. Anschließend entfernt die Vampirfledermaus die Haare und beißt ein Stück Haut weg. Das austretende Blut wird eingesaugt. Der Speichel der Vampirfledermaus enthält eine gerinnungshemmende Substanz. Das Blut bleibt flüssig.

Die Evolutionstheoretiker sind der Meinung, die Vampirfledermäuse hätten ursprünglich Vögel angezapft und seien im Laufe der Jahrmillionen auf das Blut von Säugetieren umgestiegen. Mag sein. Doch die Evolution muss auch die sichelförmigen Eckzähne entwickelt haben, die zum Aufschneiden der Haut notwendig sind – Backenzähne zum Kauen existieren nicht –, und natürlich zwei Chemikalien: eine betäubende und eine, die die Gerinnung des Blutes verhindert. Zudem mussten zwei Sensoren »konstruiert« werden, die unter der Haut exakt diejenige Stelle anpeilen, unter der eine Vene liegt. Säugetiere haben oft ein dickes Fell.

Bild 20

Stellen Sie sich vor, Sie hätten soeben klar und deutlich ein Tierchen gesehen, das sich quasi vor ihren Augen in Luft auflöste. Das Tierchen nennt man Chamäleon *(Chamaeleonidae)*, und durch das Farbenspiel seiner Haut wird es beinahe unsichtbar, indem es dieses so anpasst, dass es beinahe mit der Umgebung verschmilzt. Geduldige und blitzgescheite Forscher haben das Leben von Chamäleons studiert und sind zu verblüffenden Feststellungen gekommen. [11, 12] Chamäleons können ihr Äußeres verändern und sehen plötzlich wie Blätter oder Äste aus, die sogar in der Luft mitschwingen und ihre Farbe anpassen. [Bild 20] Wie funktioniert das? Verschiedene Hautschichten machen es möglich. Die unterste Schicht enthält den kristallinen Farbstoff Guanin. Dieser ist ionisierend, kann einfallendes Licht brechen und irisierende Effekte hervorrufen – vergleichbar mit einer Seifenblase im Sonnenlicht. Darüber liegt eine Hautschicht mit Zellen, die schwarzbraune Melanine enthalten. Melanine sind Pigmente, die die Farbe der Haut oder auch die der Federn bestimmen. Die dritte, oberste Hautschicht enthält sogenannte Xanthophoren, das sind rote und gelbe Farbstoffe. Das Chamäleon schafft es, alle drei Hautschichten gezielt zu aktivieren. Es entsteht nicht irgendein willkürliches Muster, sondern exakt das, welches das Chamäleon wünscht. Möchte das Tier grün aussehen, so wird es die gelben und blauen Pigmente hervorkommandieren. Um dunkel zu werden, wird Melanin an die Oberfläche gedrückt. Wird das Chamäleon einer hohen Sonneneinstrahlung ausgesetzt, so färbt es sich durch das Absorbieren von ultraviolettem Licht. Das Tierchen passt sich auch den Temperaturen an: Wird es kühl, so nehmen Chamäleons eine dunkle, bei hohen Temperaturen eine helle Farbe an. In Situationen der Gefahr geschieht der Farbwechsel innerhalb weniger Sekunden. Dabei geht es nicht nur darum, grün, blau oder dunkel zu werden. Das Chamäleon imitiert das Aussehen von Blättern oder Ästen, auf denen es gerade kriecht. Bewegt sich das Blatt im Wind, so passt sich die Haut dem wechselnden Muster an. Für einen Angreifer wird das Tierchen schwer sichtbar.

Es existieren rund 200 verschiedene Chamäleonarten, die sich, so heißt es, ursprünglich in der Oberen Kreidezeit – vor 100 Millionen Jahren – von einer Urtierfamilie der Schuppenkriechtiere, den Agamen, abgespaltet hätten. Fossilien, die diese Annahme bestätigen, gibt es bislang nicht, doch lässt sich immerhin belegen, dass Chamäleons bereits vor 26 Millionen Jahren in Europa existierten. Die Insel Madagaskar stellt heute noch den Lebensraum mehrerer Chamäleonarten dar, und einige Evolutionstheoretiker vermuten hier die Wiege der Chamäleons. Gegenüber anderen Tierarten verfügt das Chamäleon über einige erstaunliche Vorzüge. Die Augen ragen aus dem Kopf heraus und sind unabhängig voneinander bewegbar. Das Blickfeld eines Chamäleons beträgt vertikal 90 Grad, horizontal 180 Grad, und dies pro Auge. Mit beiden Augen erreicht das Tier einen Blickwinkel von 342 Grad. 360 Grad sind die vollkommene Rundumsicht – es bleibt also ein toter Winkel von gerade einmal 18 Grad. Eine phänomenale Sichtleistung! Als Waffe setzt das Chamäleon seine lange Zunge ein, die im Bruchteil einer Zehntelsekunde aus dem Maul herausschießt. Dabei ist diese Zunge nicht im Mund aufgerollt, sondern mit einem angespannten Gummiband vergleichbar, das wie ein Katapult wirkt. Das sogenannte Zungenbein ist gelenkig und kann durch die Muskulatur vorwärts und rückwärts bewegt werden. Wird das Zungenbein zurückgezogen, so spannt sich die Muskulatur der Zunge, und das Katapult ist abschussbereit. Erblickt das Chamäleon ein mögliches Beutetier, so analysieren es die Augen auf Größe, Art, Gefährlichkeit und Abstand. Dann öffnet sich das Maul, und gleichzeitig wird die Muskulatur der Zunge angezogen. Der Schuss erfolgt, und die Beute wird ins Maul befördert und

Bild 21

als Ganzes hinuntergeschluckt. Es wird aber noch grotesker: Die Zunge des Chamäleons enthält keinen Klebstoff, an dem die Beute hängenbleibt. Ein Muskel an der Zungenspitze erweitert das Gewebe zu einem kleinen, kegelförmigen Hohlraum. Eine Hundertstelsekunde, bevor die Zunge das Beutetier berührt, wird dieser Hohlraum leergepumpt, und es entsteht ein Vakuum, welches das Beutetier ansaugt. Noch verblüffender: Obwohl die Zunge keinen Klebstoff enthält, ist der Speichel des Chamäleons 400 Mal zäher als derjenige des Menschen. Dieser schmierige Stoff hält das Beutetier im Maul fest, sobald es vom Vakuum der Zunge freigegeben wird.

Chamäleons müssen sich ihr Leben lang häuten. Ständig werden neue Schichten gebildet und die äußerste Hautschicht abgestoßen. Jede Schicht muss die genetischen Informationen für die Farbwechsel der Tiere enthalten. Werden Chamäleons von größeren Feinden angegriffen, reagieren sie mit drei Verteidigungsmethoden: 1) Sie verändern ihr Äußeres und werden für den Feind unsichtbar. 2) Sie blähen ihre Lungen auf und stürzen sich in die Tiefe, als ob sie fliegen würden. 3) Sie stellen sich steif und tot.

Die Wunder der Evolution sind allmächtig. Beim Chamäleon produzieren sie ein Leben lang neue Hautschichten, die allesamt von innen nach außen wachsen und sich von Schicht zu Schicht der entsprechenden Pigmentierung verändern müssen. Das Gehirn des Chamäleons mischt diese Informationen zu Farben und Bildern an der Außenhaut. Die Evolution schafft eine Zunge ohne Klebstoff, doch dieselbe Zunge wird in einen superklebrigen Mund zurückgezogen. Weshalb wird die Zunge nicht auch klebrig? Welcher Evolutionsbefehl soll in einem langsamen Prozess eine Katapultvorrichtung mit Muskeln, Zungenbein und Gelenken geschaffen haben, die die Zunge in einer Zehntelsekunde aus dem Maul schnellen lässt? Und das Tollste: Die Evolution lässt zwei Augen entstehen, die sich unabhängig voneinander bewegen lassen. Augen zudem, die einen Fast-Rundum-Blickwinkel von 342 Grad ermöglichen und dem Gehirn ein dreidimensionales Überlagerungsbild ermöglichen. Augen, die viel leistungsfähiger sind als diejenigen der »Krone der Schöpfung« – von uns Menschen.

Ein chamäleonähnliches Tier ist der Salamander. (Schwanzlurche, *Caudata*) Dieser kann zwar seine Haut nicht der Umgebung anpassen, doch seine Gene enthalten die wunderbare Botschaft der Erneuerung. Ein von einem Feind abgebissener Körperteil wächst wieder nach – eine Fähigkeit, von der wir Menschen nur träumen können. Der Feuersalamander *(Salamandra salamandra)* lässt sich vom gewöhnlichen Salamander durch seine starke Musterung auf der schwarzen Haut unterscheiden: knallgelbe oder orangefarbene Streifen. [Bild 21] Wie das Chamäleon muss sich auch der Feuersalamander immer wieder häuten. Das Farbenspiel bleibt unverändert. Vor Jahrtausenden sahen die Menschen im Feuersalamander einen Abkömmling des fliegenden, feuerspeienden Drachens. Auch glaubten sie, das Tier könne unversehrt durch das Feuer laufen, denn es sei derart eisig kalt, dass ihm das Feuer nichts anhaben könne. Deshalb warfen die Menschen die Salamander ins Feuer. Noch vor rund 2000 Jahren schrieb der römische Senator und Historiker Gaius Plinius Secundus (um 23–79) über den Feuersalamander: [13]

»Dieses Tier ist so kalt, dass es Feuer auslöscht, wenn es dieses berührt, wie es auch das Eis tut.«

Und wie die Fledermäuse beherrschen auch die weiblichen Salamander das Kunststück, das Sperma der Männchen Monate bis Jahre in ihrem Körper aufzubewahren. Erst wenn das Weibchen Nachwuchs wünscht, werden die Eier befruchtet. Dadurch lässt sich die Population steuern. Warum hat die Evolution uns Menschen nicht mit denselben Fähigkeiten ausgestattet? Das Problem einer Überbevölkerung wäre gelöst.

Was macht eigentlich eine Nation aus? Die Abstammung? Die Religion? Die Strukturen? Die gemeinsamen Ziele? Die Straßen? Die Landesgrenzen? Die Armee? Die Führung? Wir Menschen benötigten eine 5000-jährige Entwicklung vom Höhlenbewohner bis zu dem, was wir heute sind: Nationen und Staatengemeinschaften. Auch in diesem Punkt ist uns die Evolution voraus. Staatsgemeinschaften mit allem Drum und Dran existieren seit Jahrmillionen, mitsamt den Landesgrenzen, den Armeen, den gemeinsamen Zielen, den Straßen und Behausungen, inklusive der Könige. Und auch mit den Bösartigkeiten in einer Gesellschaft: dem Raub und der Ausbeutung. Dies rings um uns herum – aber nur wenige beachten es.

Ameisen *(Formicidae)* existieren seit 100 Millionen Jahren, und es gibt 13 000 verschiedene Arten davon. [Bild 22] Ihr Ver-

Bild 22

halten ist gründlich erforscht. Allein *Wikipedia* zitiert 63 Publikationen. [14] Ameisen können gigantische Superkolonien bilden, die aus Milliarden von Tieren bestehen und sich über Tausende von Kilometern ausbreiten. Bekannt ist eine Ameisenkolonie, die vom Nordwesten Spaniens der Küste entlang bis zur italienischen Riviera verläuft – Distanz: 5800 Kilometer, zusammengesetzt aus Millionen von Nestern. Ameisenbauten sind künstliche Hügel und Kuppeln, derart raffiniert angelegt, dass kein Wasser ihre Gänge überflutet. Die Hügel können bis zu 2 Meter Höhe und 5 Meter Durchmesser aufweisen, durchzogen mit vielen Stockwerken, zu denen Tunnels und Wege führen. In den Etagen finden sich Räume unterschiedlicher Größen, in denen nicht nur die Königin ihre Eier legt, sondern auch Pilze gezüchtet und Gäste gepflegt werden. Da es im oberen Teil der Nester wärmer ist als unten, werden die oberen Etagen als Frostschutzbereiche eingesetzt. Die kühleren Stockwerke tiefer unten dienen als Kältekammern für die Winterruhe. Bei einer größeren Überschwemmung, die auch den Menschen

Probleme bereitet, tun sich die Feuerameisen zu schwimmenden Nestern zusammen, bis das Wasser sinkt und sie irgendwo andocken können – das Prinzip von Noahs Arche. Die Art der Glänzendschwarzen Holzameisen *(Lasius fuliginosus)* bringt es sogar fertig, regelrechte Bauten aus Karton zu errichten. Dazu vermerkt *Wikipedia*: [14]

»Sie zerkleinern kleine Holz- und Erdmaterialien und durchtränken diese geknetete Kartonsubstanz mit aus dem Kropf hervorgewürgtem Honigtau. Diese Baumasse enthält zu 50 Prozent Zucker. Darauf züchten sie den Pilz *Cladosporium myrmecophilum,* der durch seine Hyphen (pilztypisch fadenförmige Zellstruktur) den Nestwänden Stabilität verleiht. Beide Lebewesen leben in Symbiose, denn der Pilz findet so optimale Nahrungsgründe.«

So ist es. Weshalb?

In einer sensationellen Fernsehdokumentation präsentierte Christina Grätz die Beutezüge einer aggressiven Ameisenart. »Ich bin überzeugt«, sagte sie, »dass Waldameisen zu den stärksten, hilfsbereitesten, intelligentesten, fleißigsten und sozialsten Tieren überhaupt gehören.« [15] Am Bildschirm wurde demonstriert, wie Ameisen ihre Umgebung auskundschaften. Wird eine Futterquelle gefunden, so trägt das Tierchen eine winzige Probe davon nach Hause. Ihren Weg markiert die Ameise mit einer Spur von Duftstoffen, die andere Ameisen auf dieselbe Strecke locken. Dabei entdecken die Tierchen sehr rasch die kürzeste Distanz von ihrem Bau zur Futterquelle. Da immer mehr Ameisen der Strecke folgen, bleibt immer mehr Duft am Boden kleben, und es entsteht eine Ameisentraße. Ist die Futterquelle ein verletzter Käfer, so wird dieser mit Ameisensäure angegriffen, seine Fühler abgebissen und das Tier in einer Ameisenprozession in den Bau geschleppt.

Dank der mühsamen, jahrelangen Arbeit von Forschern kennen wir heute das soziale und oft auch sehr kriegerische Verhalten der Ameisen. [16] Es ist geradezu atemberaubend zu erfahren, wozu Ameisenkolonien fähig sind und welche speziellen Eigenschaften sie erworben haben. Da gibt es Jäger, Viehzüchter, Sammler, Gärtner und Sklaventreiber. So führen mehrere Ameisenarten regelrechte Kriegszüge aus, um sich zu bereichern. Die räuberische Wanderameise formiert dazu eine regelrechte Angriffslinie von bis zu 20 Metern Breite. Alles Lebendige, das ihr in die Quere kommt, wird niedergewalzt. [17] Die Amazonenameisen *(Polyergus rufescens)* überfallen artfremde Nester und töten alle Tierchen mitsamt der Königin. Übrig bleiben nur die Larven. Diese werden in den eigenen Hügel transportiert. Jede Ameise schleppt eine Larve. Im Bau werden sie bis zum Schlupf ernährt und anschließend als lebenslange Sklaven missbraucht. Nicht nur die Amazonenameise betreibt diese Ausbeutung, sondern auch die Blutrote Raubameise *(Formica sanguinea)* und sechzehn andere Arten. Lernte eine Gruppe von der anderen oder ist das »Räuberprogramm« genetisch angelegt?

Bei allen Ameisenarten sind die Fühler die wichtigsten Sinnesorgane der Tiere. Mit ihnen können sie riechen, Luftströmungen und Temperaturschwankungen analysieren, Feuchtigkeit messen, fühlen, Lichtwellen unterscheiden und insbesondere kommunizieren. Die Tierchen besitzen Mehrfachaugen (Komplexaugen), die ihrerseits aus einigen Hundert Einzelaugen zusammengesetzt sind. Dabei haben Ameisen mit *einem* Geschlecht mehr Augen als ihre *geschlechtslosen* Artgenossen – zum Beispiel Arbeiterinnen. So haben die mit Flügeln versehenen Geschlechtstiere drei Stirnaugen, die bei den Arbeitern fehlen. Sämtliche Ameisenarten besitzen mehrere Drüsen, die sowohl antibiotische Substanzen als auch Säure und Dampf produzieren. Der Dampf der Ameisensäure wirkt für Kleintiere tödlich, die flüssige Säure lähmt und zerfrisst die Gegner. Einige Arten, wie etwa die Feuerameise, verfügen zusätzlich über einen Giftstachel.

Alle Ameisenarten sind in regelrechten Staaten organisiert, wobei einzelne Kolonien aus Millionen von Individuen bestehen können. In jedem Staat herrscht ein stures Kastensystem: Arbeiter, Männchen und die Königin. Die Evolution (?) richtete es so ein, dass kein Arbeiter fliehen kann – er hat keine Flügel. Anders die Männchen und erst recht die Königin. [18] Die ist keine Diktatorin, wie wir Menschen es uns vorstellen, keine Obrigkeit im Sinne einer Monarchie, sondern einfach die Urmutter des Staates – die Einzige, die den Nachwuchs zur Welt bringt und die Gemeinschaft erst ermöglicht. Der gesamte Bau besteht aus ihren Kindern. Aber Achtung: Irgendwoher »weiß« die Königin, ob im Staat mehr Arbeiter oder Männchen nötig sind. Dementsprechend produziert sie unterschiedliche Eier.

Bild 23

Männchen verfügen über Flügel, die den Ameisenbau gemeinsam mit Weibchen in Schwärmen verlassen. Wozu? Sie sollen sich irgendwo neu ansiedeln, ein Weibchen zur eierlegenden Königin machen und die gesamte Ameisenpopulation vermehren. Dies scheint der Lebenszweck aller Ameisen zu sein. Wie in einem Science-Fiction-Film könnten sie irgendwann den Planeten Erde übernehmen.

Wer hat nicht schon eine Ameisenstraße mit Tierchen beobachten, die alle ein Stück eines grünen Blattes transportieren? [Bild 23] Es handelt sich dabei um Blattschneiderameisen *(Acromyrmex)*, und die grünen Baumblätter, die sie vor ihrer Wanderung zerkleinern, dienen nicht als Nahrung – sie landen im »Treibhaus« des Ameisenberges. Dort werden auf den Blattstücken Pilze der Gattung *Attamyces bromatificus* gezüchtet. Die Ameisen bringen eine dünne Schicht von Sekreten auf die Blattteile auf. Daraus produzieren die Pilze eiweißreiche Fäden, die den Ameisen als Proteinquelle dienen. Zudem bauen die Pilze Bakterien ab. Eine funktionierende Symbiose. Aber weshalb so kompliziert? Um an Proteine (Eiweiße) zu kommen, ist eine Pilzzucht überflüssig. Getötete Kleintiere enthalten die Proteine genauso. Und weshalb sollen Ameisen überhaupt »wissen«, dass sie Proteine benötigen und diese von Pilzen erhalten, nachdem diese vorher gefüttert wurden? Welche Urameise kam auf die Idee der »Pilzzucht im Bau«, und wie vererbte sie ihr Wissen? Dasselbe gilt für die Ameisenarten, die Raupen in ihren Bau schleppen, dort füttern und sie in kleinen Nischen vor ihren räuberischen Artgenossen schützen, um an ihren süßen Saft zu gelangen. Oder für diejenigen Ameisenarten, die eine Symbiose mit Blattläusen und Blattflöhen eingehen. Die Ameisen melken die Blattläuse, und damit diese sich das gefallen lassen, werden sie vor Fressfeinden geschützt. Es gibt sogar Ameisenarten, die Eier von Blattläusen in ihren Bau transportieren und sie dort überwintern lassen. *Wikipedia* meldet, es seien »Kriege zwischen verschiedenen Ameisenstaaten beobachtet worden, in denen um die Vorherrschaft von Läuseherden gekämpft wurde«. [14] Ein Gast in vielen Ameisenbauten ist auch die Ameisengrille *(Myrmecophilus acervorum)*. Das Tier zählt zu den Langfühlerschrecken und bewegt sich derart unbekümmert im Ameisenhügel, als gehöre es dazu. Ameisengrillen sind reine Parasiten. Unbehelligt von ihren Wirtstieren ernähren sie sich von den Eiern, den Vorräten und sogar den Larven der Ameisen. Die Biologen vermuten, die Ameisengrille nehme den Duft der Ameisen an und werde deshalb als eine von ihnen akzeptiert.

Ist dies alles normal in der Welt der Ameisen? Ist auch die oft brutale Art der Nestvermehrung normal? Bei ihr verlässt eine Königin, begleitet von etlichen Arbeiterinnen, ihren Bau. Sie sucht das Nest von Verwandten, dringt ein und tötet die dortige Königin. Ihre Nachkommen werden jetzt im fremden Ameisenhügel großgezogen. Worin soll der evolutionäre Vorteil liegen? Eier werden so oder so gelegt: von der bisherigen oder der eingedrungenen Königin. Und zum viel gepriesenen Sozialverhalten der Ameisen passt dieses räuberische Vorgehen schon gar nicht. Übrigens werden Jungköniginnen von vielen Männchen begattet. Eine einzige Königin nimmt bis zu 100 Millionen Spermien auf. Diese Spermien kann sie jahrelang in ihrem Bauch lagern, bevor die Eier befruchtet werden, genauso wie bei den Fledermäusen oder beim Salamander. Angesichts der Fähigkeiten von vielen Tieren könnten wir Menschen neidisch werden.

In einem sehr ähnlichen Kastensystem wie die Ameisen leben die Termiten *(Isoptera)*. Angesichts ihres Körperbaus stellt man sich eine vergrößerte, mutierte Ameise vor. Doch Termiten sind keine Ameisen. Sie stammen von den Schaben ab und entwickelten in den 30 Millionen Jahren seit ihrer Existenz 2900 verschiedene Unterarten. Alle sind gefürchtet, denn Termiten zerfressen das Holzwerk und bringen Gebäude zum Einsturz. In Australien wird der jährliche Schaden, der durch Termiten entsteht, mit 100 Millionen Dollar veranschlagt, in den USA sogar mit 1 Milliarde.

Obwohl die Tierchen nach aktuellsten genetischen Forschungen nichts mit Ameisen zu tun haben, verhalten sie sich ähnlich. Frau Prof. Dr. Judith Korb von der Albert-Ludwigs-Universität in Freiburg, Deutschland, publizierte gemeinsam mit ihren Kollegen aus der Biologie und der Genetik unzählige Fachartikel über die Termiten. Dank dieser Arbeiten weiß man heute, dass in jedem Termitenbau ein »Königspaar« lebt. Dieses Pärchen bleibt lebenslang zusammen, wobei es sich um eine seltsame Verbindung handelt, denn das Männchen stößt nach dem gemeinsamen Hochzeitsflug seine Flügel ab. Damit kann es nicht mehr weg. Dieses Abwerfen der Flügel ist genetisch programmiert, denn die Bruchlinie zwischen Körper und Flügel existiert bei jedem Männchen. Die Königin ist genauso an ihren Bau gekettet. Ihr Hinterteil ist derart angeschwollen, dass sie sich nicht mehr davonmachen kann. Wen wundert's bei 30 000 Eiern täglich.

Obwohl keine Verwandtschaft zu den Ameisen besteht, bauen die Termiten genauso mehrstöckige Hügel, oder sie nisten sich in Baumstämmen ein. Einige Arten graben unterirdische Gewölbesysteme, andere errichten hügelartige Türme, die bis zu 8 Meter hoch sein können. Die Termitenbauten existieren nicht nur über dem Erdboden, sondern sie reichen auch tief in den Untergrund. Dort werden Tunnel wie auch Ventilationsschächte, Brutkammern, Galerien und Schlafsäle gebaut. Die Gangwände bestehen entweder aus zerkautem und wieder erhärtetem Holz oder mit Speichel vermischter Erde. Die unangreifbaren Außenwände ihrer Bauten sind aus einem Material, das so hart wie Beton ist. Hunderttausende von Termiten mitsamt ihren Pilzkolonien produzieren große Mengen Kohlendioxid, und das muss aus dem Bau transportiert werden. Dies geschieht über eigene Ventilationsschächte und regelrechte Entlüftungsschlote. Im Bau herrscht stets eine durchschnittliche Temperatur von 30 Grad Celsius.

Im Innern der Hügel leben Arbeiter beiderlei Geschlechts, dann jede Menge Soldaten, Nestbauer, Nahrungsbeschaffer und Brutpfleger. Und sie alle – ausnahmslos! – benötigen Parasiten, um überhaupt zu existieren. Im Darm der Termiten leben Bakterienstämme und diverse Einzeller – und zwar in derartigen Massen, dass sie laut *Wikipedia* [19] »etwa ein Drittel bis hin zur Hälfte des Lebensgewichtes des Tieres ausmachen«. Das ist eine ungeheure Menge. Zum Vergleich: Die rund 100 Billionen Bakterien, die im menschlichen Darm vegetieren, wiegen insgesamt etwa 1 Kilogramm. Einige der Bakterien im Termitendarm verfügen über Enzyme, die Zellulose abbauen. Deshalb verdauen die Tierchen das gefressene Holz.

Wie die Ameisen züchten auch einige Termitenarten Pilze in ihren Bauten. Die wiederum bilden kleine Körnchen, die den Termiten als Nahrung dienen, wobei verschiedene Termitengattungen unterschiedliche Pilzarten züchten – also jedem sein Leckerbissen.

Es bleibt die Frage, weshalb die Evolution zwei unterschiedlichen Tierarten, die nirgendwo miteinander verwandt sind, dieselben Erkenntnisse beibrachte. Sowohl bei den Ameisen als auch bei den Termiten werden ganze Heere von Soldaten geboren, die ausschließlich zur Verteidigung und zum Angriff dienen. Nun tragen sämtliche Tiere in einem Termitenbau die genetischen Anlagen zu geschlechtsreifen Mitgliedern in sich – nicht aber die Soldaten. In ihren Genen ist keinerlei Geschlechtsentwicklung vorgesehen. Geboren zum Kämpfen und sonst für nichts. Welcher »Geist« der Evolution reguliert dies? Wir Menschen spekulieren oft über die Zukunft und könnten uns vorstellen, dass es »die Genetik« einst fertigbringt, Klone zu züchten – genetisch identische menschliche Wesen also, die nur für eine spezielle Arbeit programmiert werden, zum Beispiel das Soldat-Sein. Pardon: »Die Natur« tut genau das seit Jahrmillionen, beispielsweise in Form von Ameisensoldaten. Und noch seltsamer: Die sogenannten Arbeiter in der Kolonie sind nur dazu da, um je nach Bedarf ihr Geschlecht zu wandeln. Arbeiten tun sie gar nichts. Sie tragen auch nichts zum Erhalt ihrer Kolonie bei.

Wie sollen folgende Befehle in die Gene der unterschiedlichen Ameisen gelangt sein: Ihr baut nur Entlüftungsschächte! Ihr produziert nur Sperma! Ihr greift nur an – oder verteidigt! Und so weiter. Schließlich existieren Milliarden dieser Lebewesen, aber jede Gruppe vollzieht andere Aufgaben.

Man sollte meinen, der stabile Bau einer Termitenart sei uneinnehmbar. Für Kleintiere ohnehin, und Großtiere mögen sich daran reiben, die »Betonburg« übersteht das. Was sie aber nicht übersteht, ist der Angriff eines Ameisenbären. Der Große Ameisenbär *(Myrmecophaga tridactyla)* ist stark behaart und erreicht eine Größe von 1,40 Metern. [Bild 24] Genetisch gesehen sind die Ameisenbären mit den Faultieren verwandt. Die Trennung soll vor 58 Millionen Jahren erfolgt sein. Bei den Ameisenbären entwickelten sich sichelartig gebogene Zehen und scharfe Krallen. Damit reißen sie jeden Termitenbau auf. Dann schnellt eine bis zu 60 Zentimeter lange, sehr klebrige Zunge in die Gewölbe, und Tausende von Termiten (oder Ameisen) bleiben daran hängen. Der Bär zieht die Zunge zurück und streift seine lebendige Beute in die Speiseröhre. Doch die Ameisen wehren sich. Ganze Heerscharen von Soldaten besprühen die Zunge, den Kopf und das Fell des Angreifers mit

Ameisensäure. Deshalb verweilt der Bär nur kurz an einem Termitenbau. Zwei-, dreimal schnellt seine Zunge in die Risse des Baus, dann schüttelt er die lästigen Tiere vom Körper, schabt sie mit den Pfoten vom Gesicht und trottet zur nächsten Mahlzeit – keine 40 Meter entfernt.

Es darf gefragt werden, wie diese »Ameisenfresserei« überhaupt begann. Der Ameisenbär (oder besser: irgendeiner seiner Vorfahren) steckte vor Urzeiten seine Zunge in einen Ameisen- oder Termitenbau. Die Bewohner wehrten sich. Soldaten besprühten seine Zunge mit Säure, krochen in Augen und Ohren des Bären. Üblicherweise rennt ein Tier bei solchen Attacken weg, schüttelt sich, putzt sich und kommt nie wieder. Weshalb tat dies der Vorfahre des Ameisenbären nicht?

Die Evolution bedachte den Ameisenbären mit einer langen, klebrigen Zunge und einer sehr kleinen Mundöffnung. Dazu gab sie ihm den passenden, spitz auf das Maul zulaufenden Kopf und die Fähigkeit, auf den Hinterbeinen zu stehen – alles Eigenschaften, die das Tier für seine spezielle Art der Jagd benötigt. Weshalb nur sind ähnlich gebaute Säuger nicht ebenfalls auf Ameisen und Termiten aus? Der Waschbär *(Procyon lotor)* beispielsweise verfügt über einen genauso spitz auf das Mundwerk zulaufenden Kopf, er kann genauso auf den Hinterpfoten stehen, und seine Krallen sind genauso fähig, einen Ameisenbau aufzureißen. Aber Ameisen und Termiten interessieren ihn nicht. Die sagenhafte Evolution entwickelte andere Fähigkeiten. Waschbären können stundenlang im kalten Wasser stehen und mit dem Kopf voran einen Baum hinunterklettern. Nichts Besonderes? Oh doch! Normale Tiere klettern den Baum rückwärts hinunter. Waschbären hingegen vermögen ihre Hinterpfoten derart zu verdrehen, dass sie in die Gegenrichtung zeigen. Im Übrigen werden die Tiere als überdurchschnittlich intelligent eingestuft. In Gefangenschaft lösten sie erstaunliche

Bild 24

Aufgaben und erinnerten sich auch Jahre später daran. [20] Und ihren Namen Waschbär erhielten sie nur deshalb, weil sie ihre Nahrungsmittel vor dem Verzehr gründlich im Wasser schwenken. Spanisch heißen sie *mapache*, und das wiederum stammt vom aztekischen Wort *mapachitli* ab und bedeutet: »Derjenige, der alles mit den Händen prüft.« [21] Nur eben: Ameisen und Termiten stehen nicht auf ihrem Speiseplan.

Anders die sogenannten Schuppentiere oder auch Tannenzapfentiere *(Pholidota)*. Jahrhundertelang galt die Meinung, diese Tierart sei mit den Ameisenbären und den Gürteltieren verwandt – weil sie genauso Ameisen und Termiten auflecken wie die Bären. Doch die moderne Wissenschaft brachte andere Resultate. *Wikipedia* schreibt: [22]

»Molekulargenetische Untersuchungen erbrachten ab Mitte der 1980er-Jahre, dass die Schuppentiere mit den Raubtieren näher verwandt sind.«

Bereits vor 47 Millionen Jahren sollen sich die ersten Formen der Schuppentiere entwickelt haben. Ihr ähnliches Verhalten im Vergleich zu den Ameisenbären wird als Anpassung eingestuft. Anpassung an wen?

Das Wort Schuppentier trifft es, denn die Tiere sind über und über mit Schuppen bedeckt. Diese überlappen sich wie Dachziegel und weisen scharfkantige Ränder auf. Wird ein solches Tier angegriffen, so rollt es sich zu einer Kugel zusammen. Dann stehen die einzelnen Schuppen wie Zähne oder halb geöffnete Tannenzapfen vom Körper ab – deshalb die Bezeichnung Tannenzapfentier. Zudem kann das Tier einen ekelhaften Gestank produzieren, der jeden Angreifer in die Flucht schlägt. Obwohl nicht verwandt, ist das Schuppentier genauso auf Ameisen und Termiten scharf wie der Ameisenbär. Das Tier ortet seine Beute mit der Nase. Dann wird der Bau mit scharfen Krallen aufgebrochen. Wie beim Ameisenbären verbirgt sich im Gaumen des Tieres die mit einem Paket von Muskeln versehene Zunge. Diese kann bis zu 25 Zentimeter ausgestreckt werden. An ihr kleben die Termiten oder Ameisen, die abgeschabt und in die Speiseröhre transportiert werden. Dann besorgt der Magen das Zerkleinern der Beute, denn Schuppentiere besitzen keine Zähne. Damit keine fremden Soldaten in ihren Körper eindringen und dort Gifte versprühen, werden die Augen, Ohren und Nasenlöcher während des Fressens versiegelt. [22]

Da Schuppentiere mit dem Ameisenbären nicht verwandt sind, kann es zwischen ihnen auch keine genetischen Gemein-

Bild 25

samkeiten geben. Weshalb jagen dann aber beide Arten auf dieselbe Weise? Weshalb sind sie genauso auf Ameisen und Termiten scharf und transportieren ihre Opfer mit derselben Methode – der Zunge – in ihren Verdauungstrakt? Hat die Evolution ein doppeltes Spiel gespielt? Gilt das auch für die komischen wurmartigen Lebewesen, die man Hundert- oder Tausendfüßer nennt?

Es existieren beide: Hundertfüßer und Tausendfüßer. [Bild 25] Bei den Hundertfüßern *(Chilopoda)* wurden je nach Art zwischen 15 und 191 Beinpaare gezählt, bei den Tausendfüßern *(Myriapoda)* bis zu 750. Die Zahl der Beine ist bei allen Hundertfüßern ungerade. Weshalb, ist ungeklärt. Das erste Beinpaar entwickelte sich zu einer Giftklaue. Einige der Arten produzieren hochgiftige Blausäure, andere schmierige Substanzen, mit denen sie die Mundwerkzeuge von Gegnern zukleben. Die Vielfalt der Evolution ist grenzenlos. »In der Nacht begeben sie sich auf lange, ausgedehnte Streifzüge als aktive Jäger, die ihre Beute verfolgen und blitzschnell überwältigen. Dabei stoßen sie nach vorne, ähnlich wie eine Schlange«, meldet *Wikipedia*. [23] Von den Tausendfüßern soll es mindestens 3000 verschiedene Abarten geben, vielleicht sogar bis zu 8000. Darunter den *Ethmostigmus rubripes* mit einer Länge von 16 Zentimetern, den *Cormocephalus* mit 25 Zentimetern und den amazonischen Riesentausendfüßer, der über 30 Zentimeter lang werden kann. Die Tiere sind Fleischfresser, die nicht nur Taranteln, Skorpione und Insekten zerlegen, sondern sogar »kleinere Wirbeltiere wie Fledermäuse, Vögel, Schlangen, Frösche und kleine Eidechsen«. [24] In ihrem Mund befinden sich Giftdrüsen, und mit ihren Klauen zerbeißen sie sogar die Chitinpanzer ihrer Opfer. Es existieren Hundert- und Tausendfüßerarten mit und ohne Augen. Gefährlich sind sie alle, und ihre Opfer orten sie mittels unterschiedlicher Sensoren.

Die Evolution begnügte sich nicht mit zehn oder zwanzig Spielarten derselben Gattung – es wurden Abertausende. Jedes Mal neue Mutationen, wobei – so die Lehrmeinung – die meisten Mutationen zu einem negativen Resultat führen, dem Tier also nicht weiterhelfen.

Nun muss man wissen, dass viele Arten dieser Mehrfüßler Blausäure (Cyanwasserstoff) produzieren. Diese kommt in mikroskopischen Mengen auch in der Natur vor, zum Beispiel in den Kernen von Steinobstfrüchten (Aprikose, Pfirsich, Kirsche). Aber bereits ein Milligramm Blausäure pro Kilogramm Körpergewicht wirkt absolut tödlich. In den NS-Vernichtungslagern des Zweiten Weltkrieges wurden Hunderttausende von Menschen mit Blausäure ermordet, und bis 1999 wurden in den USA die Todesurteile mithilfe von Blausäure vollstreckt. Was macht die Evolution? Ein kleines, wurmähnliches Tierchen mit unzähligen Beinchen produziert dieselbe Blausäure und vergiftet damit seine Opfer. Die Menge der in diesem Tier entstehenden Blausäure ist zwar gering – aber der Mehrfüßler ist auch entsprechend klein. Wie entwickelten die Tausendfüßer ihre eigene Immunität gegen das hochgiftige Zeug? Ein Spritzer, der danebenging, betraf auch sie. Zudem: Das getötete Opfer, das endlich verschlungen wurde, enthielt ebenfalls Blausäure. Die Situation gleicht derjenigen des Bombardierkäfers. Wäre die vom Mehrfüßler abgegebene Menge von Blausäure dosismäßig nicht hochgiftig, so wären seine Opfer nicht blitzartig tot. Wie konnte sich über die Zeiten hinweg das Gift langsam im Körper entwickeln? Eine Frage, die letztlich sämtliche Tierarten, die Gift einsetzen, betrifft.

Durch Schlangengifte sterben rund 100 000 Menschen jährlich. Von den 3200 Schlangenarten, die auf diesem Globus herumkriechen, ist rund die Hälfte giftig, wobei die Kriechtiere völlig unterschiedliche Gifte produzieren. Da gibt es solche, die nur die Zellen der Herzmuskulatur angreifen und zum Herzstillstand führen. Andere verursachen Muskellähmungen, wieder andere zerstören vorwiegend die Nieren, und andere Gifte verursachen innere Blutungen. [25] In der Giftkunde (Toxikologie) charakterisiert man die Menge, die für die unterschiedlichen Lebensformen gefährlich sind, mit dem Begriff »Letale Dosis« (LD). So liegt die LD von Kaliumcyanid (Zyankali) bei einem erwachsenen Menschen bei 140 Milligramm. Als »tödliche Dosis« gilt LD75, als »sicher tödlich« LD99 und als »absolut tödlich« LD100. Die »tödliche Menge« ist relativ und hängt mit der Größe und anderen Umständen der gebissenen Lebensform zusammen. Die giftigste aller Schlangen ist der Australische Inlandtaipan. Sein Gift ist 50 Mal so stark wie das einer Indischen Kobra. Sein LD beim Menschen beträgt 100. Die Dosis des Giftes, das ein Australischer Inlandtaipan pro Biss in sein Opfer spritzt, würde reichen, um 230 Menschen zu töten.

Jede Schlange besitzt andere Gifte. [26] Dies trifft selbst auf Seeschlangen *(Hydrophiinae)* zu, von denen man eigentlich an-

Bild 26

Bild 27

nehmen könnte, dass sie aufgrund ihres Lebens im Wasser keine Gifte erworben hätten. [Bild 26] Die Evolution ließ es auch bei ihnen nicht mit einer Seeschlangenart bewenden: Es existieren 56 davon, darunter die Streifenruderschlange *(Hydrophis cyanocinctus)* mit 2,5 Metern Länge oder die Gelbe Seeschlange *(Hydrophis spiralis)* mit 2,75 Metern. Die Reptilien sind untereinander verwandt, denn bei allen entstanden ein seitlich abgeflachter Schwanz und unter der Zunge eine Drüse, mit der sie das überschüssige Salz absorbieren. Die Tiere müssen vor zig Millionen von Jahren vom Land ins Wasser geschlängelt sein, dies bezeugt ihre übergroße Lunge. Sie erlaubt ihnen einen Tauchgang von bis zu 2 Stunden Dauer und bis zu 180 Metern Tiefe. Ursprünglich nahm man an, die Seeschlangen würden nur Fische fressen. Inzwischen wurde beobachtet, wie sie selbst Beutetiere verschluckten, die doppelt so groß waren wie sie selbst. Die Speicheldrüsen der Seeschlangen mutierten zu Giftdrüsen, wobei das Gift über die Zähne in ihre Beute gespritzt wird. Die giftigste ihrer Art ist die Dubois-Seeschlange *(Aipysurus duboisii)*. Im *Meerwasser-Lexikon* [27] wird sie als »sehr giftig« bezeichnet. Und doch soll der Tigerhai gegen ihr Gift immun sein. [28]

Selbst ein aufgeblasenes Tier wie der Kugelfisch *(Tetraodontidae)* ist giftig. [Bild 27] Ein Zwergkugelfisch kann gerade einmal 3 Zentimeter groß werden, sein Bruder, der Riesenkugelfisch *(Arothron stellatus)*, bringt es auf über 1 Meter. Bei Gefahr pumpen sich die Tiere mit Wasser voll, wobei sich die Stacheln an ihrer Haut aufrichten und an der Spitze einen Widerhaken tragen. Dadurch wird es den Räubern unmöglich, ihre Opfer in den Rachen zu nehmen. Zudem sind die inneren Organe des Kugelfisches toxisch. Das Gift des Typs Tetrodotoxin (TTX) ist ein Nervengift, das die Muskulatur der Opfer vollständig lähmt. Sie können sich weder bewegen noch sprechen – bleiben aber

Bild 28

bei vollem Bewusstsein. Der langsame, schreckliche Tod tritt durch Atemstillstand ein.

Andere Tiere – andere Gifte. Skorpione *(Scorpiones)* werden der Gattung der Spinnentiere zugeordnet. Bis heute kennt man sage und schreibe 2350 verschiedene Varianten. Über ihre Evolution ist wenig bekannt. Man nimmt an, dass sie ursprünglich von einer maritimen Krebsart abstammen und vor circa 400 Millionen Jahren an Land krochen. Der Hinterleib der Tiere besteht aus Chitinringen, wobei sich die letzten Ringe zu einem Stachel formten. [29] Im Innern der Chitinringe befindet sich eine Giftdrüse. Auf der Jagd setzt der Skorpion zuerst seine Greifklauen ein, packt die Beute, und im Bruchteil einer Sekunde schnellt der Giftstachel vom Hinterleib nach vorn. [Bild 28] Wie bei einer Injektionsnadel wird das Gift in den Feind gespritzt, der anschließend getötet und zerkleinert wird. Das Gift ist hochwirksam, wobei der Skorpion zwei unterschiedliche Giftarten einsetzen kann: Eine Komponente tötet die Gliederfüßer wie Käfer und Tausendfüßer, die zweite Komponente dient nur der Verteidigung. Sie betrifft also Gegner, die nicht gefressen, sondern nur abgewehrt werden sollen. Beim Skorpion wie bei anderen Tieren auch sind die Giftmischungen unter-

Bild 29

schiedlicher Natur. [30] Die LD-Werte liegen zwischen 50 und 100. Der Gelbe Mittelmeerskorpion *(Leiurus quinquestriatus)* gilt als der gefährlichste Skorpion der Erde. Er lebt in trockenen Wüstengebieten. Sein Gift setzt sich aus gleich sechs Chemikalien zusammen: Chlorotoxin, Charybdotoxin a und b, Agitoxin 1, 2 und 3. Aber – seltsam genug – einige Tiere sind immun gegen die Gifte von Skorpionen.

Noch tödlicher ist das Gift des Schrecklichen Pfeilgiftfrosches *(Phyllobates terribilis)*, der als der giftigste Frosch auf unserem Planeten gilt. Er lebt vorwiegend an der Pazifikküste Südamerikas, kommt aber auch in den Urwäldern des Amazonas vor.

Bild 30

Über seine Abstammung ist wenig bekannt. Bereits eine Berührung mit seiner knallgelben Haut wirkt tödlich. [Bild 29] Die Indios lernten rasch, wie sich das Gift dieses Tieres als Waffe einsetzen ließ. Mit Beute lockten sie den Frosch in Fallen, dann wurden Pfeilspitzen an seiner Haut gerieben und zum Trocknen ausgelegt. Mit diesen vergifteten Pfeilen bekamen es auch die spanischen Eroberer zu tun, die weder vergiftete Pfeile kannten noch irgendein Abwehrmittel besaßen. Erstaunlich: Gefangene Pfeilgiftfrösche verlieren ihr Gift, und Nachkommen entwickeln sich ungiftig.

Alle bislang behandelten Gifte entstehen in den Körpern von Tieren: Schlangen, Spinnen, Skorpione, Tausendfüßer, Fische etc. Wie kam es dazu? Man möchte sich vorstellen, ein verängstigtes, angegriffenes Tier habe in seiner Not irgendeinen ominösen »Geist der Evolution« angebetet und dringend nach einer Waffe verlangt, weil es sonst nicht hätte überleben können. Eine

Spinnerei? Wie entsteht denn ein mörderisches Gift bei einer Lebensform, die nach unseren Vorstellungen kein Gehirn besitzt, mit dem sich irgendwelche Befehle formulieren ließen? Hat eine Qualle ein Gehirn oder reagieren die Muskeln des Tieres automatisch? Die Würfelqualle *(Cubozoa)* ist so ein unmögliches Ding. [Bild 30] Sie gehört zu den gefürchtetsten Quallenarten der sogenannten Seewespen. Badende Kinder, die von den Tentakeln dieser Qualle berührt werden, sterben innerhalb von Minuten. Die Länge eines Tentakels der Gattung *Chironex fleckeri* erreicht 3 Meter. Nun muss man wissen, dass ein ausgewachsenes Exemplar dieses Ungeheuers 60 derartige Tentakeln besitzt. An jedem Zentimeter dieser Tentakel hängen rund 1000 sogenannter Nesselzellen *(Nematocysten)*. Bei Berührung werden diese harpunenartig in die Haut des Opfers geschossen. Und das geht blitzschnell. In seinem geistreichen und humorvoll geschriebenen Buch *Die fabelhafte Welt der fiesen Tiere* [31] beschreibt es der Biologe Dr. Frank Nischk folgendermaßen:

»Die Nesselzelle explodiert regelrecht, manche schleudern dabei eine Art Stilett nach außen, das, weil die Beschleunigung so enorm ist, selbst die Panzer von Schalentieren oder die Schuppen von Fischen durchschlagen kann.«

Der Autor verweist auf Bilder, die mit Ultra-Highspeed-Kameras aufgenommen wurden und beweisen, dass »nur drei Tausendstel einer Sekunde vom ersten Kontakt vergehen, bis das Gift ins Opfer gelangt ist«. [31]

Zwischenfragen

Der Tausendfüßer kann seinem Opfer buchstäblich »das Maul stopfen«. Dies aufgrund einer Flüssigkeit, die das Maul des Opfers zuklebt wie mit einem Gummiverschluss. Weshalb verhärtet sich der Stoff nicht an den Rändern des eigenen Maules?

Wie soll sich diese Flüssigkeit über Jahrmillionen immer mehr verdichtet haben – aber nur außerhalb des eigenen Körpers?

Der Tausendfüßer produziert unterschiedliche Gifte – darunter Blausäure. Weshalb entwickeln die Tiere *derselben* Art *unterschiedliche* Gifte? Wie soll – langsam! – eine Immunität gegen das eigene Gift entstanden sein? Im frühen Stadium müsste auch nur »ein bisschen Gift« tödlich gewesen sein.

1400 Schlangenarten, alle miteinander verwandt, liefern völlig andere Giftmischungen. Mal verursachen die Gifte einen Herzstillstand, dann lassen sie das Blut gerinnen, zerstören die Nieren oder lähmen die Muskeln im ganzen Körper. Die Antwort auf die Frage, wie all das entstanden ist – »das hat sich über Jahrmillionen hinweg einfach so ergeben« –, ist keine wissenschaftliche Antwort. Müsste das Schlangengift bei sämtlichen Arten nicht dieselbe Zusammensetzung aufweisen?

Von 56 Seeschlangenarten entwickelten einige Gifte. Dabei verwandelten sich ihre Speicheldrüsen- in Giftdrüsen. In kurzer Zeit kann sich dieser Wandel nicht abgespielt haben, denn innerhalb der Zähne mussten sich Kanülen für den Gifttransport bilden. Also lief die Entwicklung über Jahrmillionen hinweg. Eine rasche Entwicklung scheint jedenfalls unmöglich zu sein, sonst hätte sich die Schlange selbst vergiftet. Und in welchem Jahrmillionen dauernden Prozess soll die Giftmischung – der Cocktail – entstanden sein?

Der Tigerhai ist immun gegen das absolut tödliche Gift der giftigsten aller Seeschlangen, der *Aipysurus duboisii*. Wie entstand seine Immunität? Sollen die Tiere vor Jahrmillionen miteinander gekuschelt und sich aneinander gewöhnt haben?

Das Gift des Pfeilgiftfrosches ist über die Haut seines Körpers verteilt. Das weiß ein Angreifer aber nicht. Der beißt zuerst einmal zu. Wenn er den Frosch wieder ausspuckt oder loslässt, ist es zu spät. Woher wollen die Angreifer wissen, dass der Frosch tödlich ist? Weshalb verliert der Pfeilgiftfrosch sein Gift in Gefangenschaft? Welche chemischen Prozesse laufen dann in seinem Körper ab? Warum sind die in Gefangenschaft geborenen Pfeilgiftfrösche ungiftig? Müsste der Frosch sich nicht gerade in Gefangenschaft gegen seine Häscher wehren und sein Gift behalten?

Die Qualle der Art Seewespe entwickelte 3 Meter lange Tentakel, die mit Hunderttausenden von hochgiftigen Nesselzellen bestückt sind. Im Bruchteil einer Sekunde werden diese in die Haut des Opfers geschossen. Was immer in die 3-Meter-Distanz einer Seewespe gelangt, ist erledigt. Müsste dieses Monster nicht unangreifbar sein? Wie soll man sich einen langsamen Entwicklungsprozess vorstellen, der einen Schuss in einer Hundertstelsekunde ermöglicht? Würde die Verteidigung der Seewespe automatisch ablaufen, vergleichbar einem Radar, das die Abwehrsysteme auslöst, dann könnte sich die Seewespe ihrerseits keinem Opfer nähern – geschweige denn, irgendwelche Tiere hätten eine Immunität dagegen entwickeln können.

Tatsache ist – dass alles so ist.

Warum? Warum? Warum? Jahr für Jahr versammeln sich im November Tausende von Touristen auf der Weihnachtsinsel – die liegt im Indischen Ozean und gehört politisch gesehen zu Australien. Dort werden sie Augenzeuge eines einzigartigen Spektakels: Hunderttausende von Roten Landkrabben *(Gecarcoidea natalis)* laufen aus den Wäldern eine 5–7 Kilometer lange Strecke bis zum Meer. Dabei klettern sie auch über Hindernisse wie Baumstämme oder kleine Mauern. An der Küste angekommen, bespritzen sie sich gegenseitig mit Salzwasser.

Bild 31

Anschließend buddeln die Männchen eine kleine Grube und empfangen dort die Weibchen zum Geschlechtsverkehr, der bis zu 20 Minuten dauern kann – Sex on the Beach. Nach dem Geschlechtsakt laufen die Weibchen ins Wasser und pressen ihre Eier aus dem Körper. Auch wenn Millionen dieser Eier von Fischen gefressen werden, schlüpfen doch einige Hunderttausend Krabben. Die wandern prompt von der Küste zurück in die Wälder. Und im darauffolgenden Jahr wiederholt sich das Spiel – seit Jahrmillionen. Am Rande: Die Bevölkerung der Weihnachtsinsel beträgt rund 1500 Menschen – die Anzahl der Krabben wird auf 45–80 Millionen geschätzt. [32]

Weltweit existieren rund 6800 Krabbenarten. Darunter befindet sich die Kurzschwanzkrabbe (Brachyura). [Bild 31] Diese verbringt ihr Larvenstadium im Meer. Erst nach der Metamorphose schwimmt und läuft sie als Miniaturkrabbe an ihren Geburtsort zurück. Woher das Tierchen – driftend im endlosen Ozean – die geografischen Koordinaten besitzt, um sein Ziel zu erreichen, bleibt ein Rätsel. Krabben – so die zuständige Wissenschaft – stammen von einem gemeinsamen, maritimen Vorfahren ab, der vor etwa 4 Millionen Jahren existierte. [33] Weshalb verfügt die Kurzschwanzkrabbe über ein Navigationssystem, das sie punktgenau an ihren Geburtsort führt – unzählige andere Krabbenarten aber nicht? Und das, obwohl es den gemeinsamen Vorfahren gibt?

Das nächste Tier mit höchst verblüffenden Eigenschaften ist der Fangschreckenkrebs *(Stomatopoda)*. Es gibt 400 verschiedene Arten davon, und in ihrem Jagdverhalten unterscheidet der deutsche Meeresforscher Helmut Debelius zwischen dem »Speerer« und dem »Schmetterer«. [34] Die Beine des Speerers verlaufen in einer Spitze. Damit spießt er seine Beute regelrecht auf. Anders der Schmetterer: Mit seinen starken Muskeln lässt er die Fangarme mit einer Geschwindigkeit von 82 Kilometern pro Stunde explosionsartig nach vorn schnellen. Dies ist, laut *Wikipedia*, »eine der schnellsten von einem Tier ausgeführten Bewegungen. Die Aufprallwucht ähnelt der einer Pistolenkugel.« [35] Der Aufprall ist derartig wuchtig, dass der Panzer eines Meerestieres aufsplittert. Die Opfer sind schlagartig betäubt. Gleichzeitig erzeugt der Fangschreckenkrebs einen Knall und einen Lichtblitz.

Die Waffen des Fangschreckenkrebses erinnern an diejenigen des Pistolenkrebses. Doch beide Tiere haben andere Vorfahren.

Respektvoll bestaunen wir »die Wunder der Natur« und stellen uns vor, diese »Natur« müsse wohl so etwas wie ein Geist sein, der Wunder ermögliche. Und es wimmelt von Wundern, die sich irgendwann wissenschaftlich erklären lassen werden. Doch im Jahre 2020 nach Christus gibt es für unzählige »Wunder der Natur« keine Antwort, und der Glaube allein macht nicht selig. Deshalb möchte ich weitere Fragen stellen.

Weltweit existieren rund 30 000 Fliegenarten, von denen einige wenige Wochen, andere auch nur einen Tag lang leben. Alle beherrschen die Technik, an spiegelglatten Wänden oder Decken herumzukrabbeln. Wie schaffen das die Tierchen ohne Minisaugnäpfe? Zwischen ihren Beinchen wachsen Härchen, und die enden in mikroskopisch kleinen Ovalen. Darin befindet sich ein Minifilm einer klebrigen Substanz, die die Fliegen selbst an kritischen Oberflächen haften lässt – chemisch derart fein dosiert, dass die Fliege laufen kann, ohne selbst festzukleben. Ein Bravo an die Evolution, die dieses Wunder seit Hunderten von Millionen Jahren tagtäglich trillionenfach hervorbringt. Fehlerlos. Eine aufgescheuchte Fliege startet blitzschnell aus dem Stand heraus, fliegt in alle möglichen Richtungen und landet genauso perfekt. Bei all den Fluggeräten, die wir Menschen entwickelten – was die Fliegen beherrschen, können *wir* nicht.

Weshalb unterziehen sich jährlich rund 50 Milliarden Vögel der Qual eines schier endlosen Fluges in andere Gefilde? Darunter allein 5 Milliarden zwischen Europa und Afrika? Die gängige und meist auch zutreffende Antwort lautet: wegen des Klimas. Den Tieren wird es im Norden zu kalt, zudem geht im Winter die Nahrung aus. Also nichts wie weg in Richtung Süden. Doch diese Erklärung betrifft nur einige der Vogelarten. Andere verlassen ihre Brutgebiete unabhängig von klimatischen Bedingungen – und das Jahr für Jahr. Dabei wurde ein mit einem Sender ausgerüstetes Einzeltier [36] beobachtet, das nonstop von Alaska nach Neuseeland flog. Distanz: 11 500 Kilometer. Eine unsagbar lange Strecke. Unter sich hatte der Vogel nur Meer, Meer und nochmals Meer. Dies Tag und Nacht. An den Sternen kann sich das Tierchen nicht orientiert haben. Am Tag sind die nicht da, und auf der Strecke zwischen Alaska und

Neuseeland wechselt das Sternenbild von der Nord- in die Südhemisphäre. Das Magnetfeld als Orientierungshilfe stellt auch nur eine Teillösung dar. Zwar wurde in den Körpern verschiedener Vogelarten eine Art »Magnetempfänger« entdeckt, bei Rotkehlchen im rechten Auge, bei Tauben in der Haut des Schnabels. Doch das Magnetfeld ändert sich auf dem Weg zwischen der Nord- und Südhalbkugel. Und »Fliegen auf Sicht«? Tatsächlich haben Forschungen gezeigt, dass sich Vögel den Verlauf von Autobahnen oder die Beleuchtung von Großstädten merken können. Der Vorschlag befriedigt trotzdem nicht, denn die meisten Vogelflüge finden nachts statt. Die riesigen Schwärme verbringen die Tage am Boden. Nur größere Tiere wie Kraniche oder Störche reisen am Tag. [36] Der Ornithologe Dr. Peter Berthold, der sich ein Leben lang mit dem Verhalten von Vögeln beschäftigte, ist überzeugt: Bei den Flugvögeln sind sowohl die Flugrichtung als auch die Flugdauer angeboren. [37] Doch gilt es zu bedenken, dass die Flugrichtung wie auch die Flugdauer bei den unterschiedlichen Vogelarten total voneinander divergieren. Da gibt es Vogelschwärme, die von Europa über Frankreich, Spanien, Tunesien und den Äquator nach Südafrika fliegen, andere nehmen die Strecke über Italien und das Mittelmeer gegen Süden, wieder andere entscheiden sich, über Griechenland, die Türkei, den Libanon und Ägypten zu fliegen. Sogar der Himalaya wird von Zugvögeln überquert. Es sind Vögel beobachtet worden, die eine Flughöhe von 10 000 Metern erreichten. Dort oben – und wer je in einem Düsenjet flog, weiß es – herrschen Temperaturen von 40 bis 50 Grad Celsius unter null.

Unterschiedliche Routen zu unterschiedlichen Zielen. Also kann in den Genen der Vögel kein Urbefehl verankert sein, sie müssten sonst Jahr für Jahr dieselbe Strecke befliegen. Die Situation ist nicht vergleichbar mit der genetischen Botschaft der

Bild 32

Lachse oder Aale. Weshalb folgen die Vögel zu Abertausenden ihren Leittieren? Wie werden die Kommandos während des Fluges an den ganzen Schwarm weitergegeben? Und welcher Ur-Ur-Urahne begann damit?

Die Küstenseeschwalbe *(Sterna paradisaea)*, ein Tierchen mit feuerrotem Schnabel und ebenso roten Beinen, legt Jahr für Jahr (mindestens) 100 000 Kilometer zurück. [Bild 32] Der gerade einmal 35 Zentimeter große und 100 Gramm schwere Vogel brütet in der Arktis und überwintert in der Antarktis. Toller geht's kaum mehr. Sehr leichte Sender, mit denen die Tierchen ausgerüstet wurden und die GPS-Daten lieferten, bewiesen: Der jeweilige Vogel legte die gigantische Strecke in Etappen von rund 700 Tageskilometern zurück. Dabei wählte er unterschiedliche Routen von einem Pol zum anderen: nicht die direkte Fluglinie, sondern Umwege über den gesamten Indischen Ozean, über Südafrika und Australien. Seine Brutstätte und der Ort seiner Überwinterung liegen am jeweils anderen Ende der Erde. Weshalb er jährlich von Pol zu Pol und wieder zurück fliegt, ist unbekannt. Prof. Dr. Luca Börger von der Universität Swansea in Wales, Großbritannien, vermutet, dass der Vogel vielleicht ein extremer Sonnenanbeter sei, der die dunkle Jahreszeit verabscheue. Schließlich handle es sich »um das Tier, das am meisten Sonne von allen sieht«. [38]

Wer hat nicht schon einen Kranichzug beobachtet? Da taucht am Firmament eine Struktur auf, die wie ein riesiger Keil oder Pfeil, manchmal aber auch wie eine schräg fliegende Reihe von Objekten aussieht. [Bild 33] Es handelt sich um Kraniche *(Grus grus)*. Vom Boden aus starten die Tiere ihren Flug mit schnellen Schritten und ausgestrecktem Hals. Dann schwingen sie sich mit mächtigen Flügelschlägen in die Höhe, bis der Schwarm erreicht ist. Kraniche sind Langstreckenflieger. Sie können Distanzen von bis zu 2000 Kilometern nonstop zurücklegen, oft im Segelflug. Ähnlich wie es bei Gänsen geschah, sind mutige Forscher auch bei Kranichflügen mit von der Partie gewesen. [39, 40] Man ist mit entsprechender Technik mitgeflogen.

Bild 33

Bild 34

Üblicherweise werden die größeren Strecken aber im Etappenflug überbrückt. Kraniche sind im Nordosten Europas und im nördlichen Asien beheimatet. Und sie steuern – wie andere Vogelarten auch – kein gemeinsames Zielland an. Geflogen werden die unterschiedlichsten Strecken: Mal geht's über Italien und Sizilien nach Tunesien, dann über Zypern, Israel und Ägypten bis ans Rote Meer. Oder über Westsibirien und Mittelasien nach Pakistan und Indien. Die Schwärme können 20 000 Tiere umfassen.

Dasselbe gilt für den Zug der Weißstörche *(Ciconiidae)*. Bei ihnen handelt es sich um Langstreckenflieger, die bis zu 20 000 Kilometer zurücklegen, um ihre Winterquartiere in Afrika zu erreichen, von denen sie im nächsten Frühjahr wieder zurück in ihre Brutgebiete fliegen. Fachleute unterscheiden 19 verschiedene Arten, die mit Ausnahme der Antarktis auf allen Kontinenten leben. [Bild 34] Fossilien der Tiere konnten schon im Oligozän nachgewiesen werden – also vor rund 30 Millionen Jahren. Wie andere Zugvögel auch erreichen die Weißstörche ihre Ziele auf unterschiedlichen Routen. Mal geht's über Spanien und Nordafrika bis in die Sahelzone, dann wieder über

Bild 35

Bild 36

Italien und Tunesien bis in den afrikanischen Senegal. Das Verblüffende: Die meisten Storcharten sind überhaupt keine Zugvögel. Sie bleiben das ganze Jahr sesshaft.

Auf der Strecke zwischen Évora und Lissabon, Portugal, fährt der Reisende an mehreren alten Hochspannungsmasten vorbei. Auf jedem Mast ist ein Storchennest zu sehen. Und im Schweizer Dorf Altreu, das im Kanton Solothurn liegt, können mehrere Storchenfamilien in ihren Nestern auf den Kaminschloten von Bauernhäusern bestaunt werden. Dieses Altreu ist seit 1948 das offizielle, von den Behörden geschützte »Storchendorf«. Die Störche in Portugal und diejenigen in der Schweiz sind Zugvögel. Alljährlich kehren sie nach einem 1700-Kilometer-Flug punktgenau auf ihren Mast bei Lissabon oder ihren Hauskamin im schweizerischen Altreu zurück. [Bilder 35+36] Ein inneres Navigationssystem, das die Störche vielleicht über die irdischen Magnetfelder anzapfen können, mag sie nach Tausenden von Kilometern in ihr Zielland leiten, doch nie und nimmer auf dieselben Hochspannungsmasten in Portugal oder den Kamin desselben Bauernhauses in der Schweiz. Man bedenke: Die Schweiz und Portugal sind nur zwei unter vielen Zielen. Weltweit fliegen Störche aber Tausende von unterschiedlichen Orten an und finden sie Jahr für Jahr punktgenau wieder. Das gilt auch für die Nachfahren der Storcheltern: Die Jungen betreiben dasselbe Spiel. Wie funktioniert die Vererbung dieses Navigationssystems? Es kann sich nicht um eine Botschaft handeln, die von irgendeinem Ur-Ur-Vogel, einem sogenannten Grundtyp, ins Genom der Störche eingegeben wurde. Zudem sind nur wenige Storcharten Zugvögel – die Mehrheit zieht es nirgendwohin.

Ein Wesen mit geradezu unheimlichen Fähigkeiten ist der Tintenfisch. Im Volksmund nennt man ihn auch Kalmar, Sepie, Krake oder Oktopus. [Bild 37] Sie alle zählen zur Gruppe

Bild 37

der *Coleoidea*. Welcher Urtyp hinter dieser Spezies steht, ist unbekannt, doch seine Evolution aus einem wurmartigen Gebilde müsste vor etwa 700 Millionen Jahren begonnen haben. Beweisen lässt sich dies nicht. Genau wie das Chamäleon kann auch ein Krake seine Hautfarbe der Umgebung anpassen, und das im Bruchteil einer Sekunde. In Laborexperimenten zeigte sich, dass die Tintenfische ihre Farbe innerhalb einer Minute 177 Mal änderten. [41] Welch eine Rechenleistung des Gehirns! Neueste Forschungen der Doktoren Benjamin Burford und Bruce Robinson, beide vom Monterey Bay Aquarium der Universität Stanford, Kalifornien, USA, ergaben Erstaunliches: Die Tiere kommunizieren untereinander mittels ihrer Farben. »Die farbigen Zeichen auf der Haut waren dabei so detailreich und komplex, dass die Tiere damit tatsächlich präzise Nachrichten vermitteln könnten.« [42] Und die Hawaiianer erzählen bis heute, der Tintenfisch sei der Überlebende einer Welt, die einst unterging.

Das Tier gibt den Forschern Rätsel auf. Beim Oktopus weiß man nicht, wo das Gehirn anfängt – jedenfalls nicht im Kopf. Das Netzwerk seiner Neuronen zieht sich über den gesamten Körper, auch »um die Speiseröhre herum bis in sämtliche Arme«. [41] Der Philosoph und Oktopusforscher Dr. Peter Smith vergleicht dieses Gehirn mit einem körpereigenen Internet mit 500 Millionen Nervenzellen. Die Tiere besitzen drei Herzen, die ein bläuliches Blut durch den Körper pumpen. Tintenfische haben acht, manchmal auch zehn Fangarme. Beim Pazifischen Oktopus (auch: Pazifischer Riesenkrake) erreichen diese Fangarme eine Spannweite von bis zu 7 Metern. Jeder Tentakel ist mit unzähligen Saugnäpfen ausgestattet, und jeder Saugnapf hat 10 000 Neuronen. Damit lassen sich Chemikalien, Licht und vieles andere analysieren. Das Tier kann sich aus dem Stand heraus gleich schnell in jede Richtung bewegen. Da Tintenfische über keine Knochen verfügen, können sie ihrem Körper die verschiedensten Formen verpassen. Bekannt sind Fälle, in denen Tintenfische aus ihren Aquarien in die öffentliche Kanalisation und von dort ins Meer krochen. Andere wählten den Weg in ein Nachbaraquarium und wieder zurück ins eigene Bassin. Sie schlüpfen durch schmale Ritzen und Spalten. Der Meeresbiologe Dr. Joshua Rosenthal berichtet über Versuche, bei denen Tintenfische Schraubverschlüsse öffneten, aus Aquarien flüchteten und ganz eindeutig mehrere Dinge voneinander unterscheiden konnten. Auch Menschen. [43]

Unverständlich erscheinen auch die Befruchtung und die Lebensdauer von Tintenfischen. Bei der Begattung schiebt das Männchen langsam seinen dritten, linken Arm in die Mantelhöhle des Weibchens. Der Vorgang kann bis zu einer Stunde dauern. An der Armspitze befindet sich eine mit Spermien gefüllte Kapsel, die im Körper des Weibchens explosionsartig platzt und den Inhalt freigibt. Danach legt das Weibchen Hunderttausende Eier ab, die an kleinen Stielen haften. Wenige Wochen nach der Paarung sterben die Muttertiere. Die Jungen schlüpfen ohne Eltern, es ist keiner da, um die Brut zu betreuen. Niemand bringt den Kleinen bei, wie sie jagen, was sie fressen sollen, dass Robben für sie gefährlich sind und wie man Garnelen fängt. Was ist gesund? Was macht krank? Wie geht man gegen Feinde vor? Wann soll der tintenähnliche Farbstoff eingesetzt werden? Im Gegensatz zu Vögeln und Säugetieren existiert bei den Tintenfischen keine Eltern-Kind-Beziehung. Wie werden dann aber Informationen weitergegeben?

Die meisten Tintenfischarten sind ungiftig – bis auf eine: die Blauringkrake. Die chemische Zusammensetzung ihres Giftes entspricht derjenigen des Kugelfisches, obwohl die Tiere nicht verwandt sind. Woher kennt die Blauringkrake ihr Gift und weiß, wie es einzusetzen ist? Von den Eltern erfuhr sie nichts. Und es wird noch unheimlicher: Der Tintenfisch verändert seine DNS. Wie macht er das?

Heute weiß jeder Mittelschüler, was die DNS, die Desoxyribonukleinsäure, ist. Sie enthält in jeder einzelnen Zelle den genetischen Code, die Erbinformation für Mensch und Tier. Wer diesen genetischen Code kennt, kann beliebig an jedem Lebewesen herummanipulieren – man muss nur wissen, wie. Unsere Genetiker wissen es. Doch dazu sind Fachkenntnisse, Laboratorien und hochauflösende Mikroskope notwendig. Das Ganze ist ein aufwendiger Laborakt, der Monate dauert und zudem recht teuer ist. Bis vor 6 Jahren eine blitzgescheite Dame des Francis-Crick-Institutes in London eine einfachere Methode entdeckte, um das Erbgut zu verändern: das CRISPR-Verfahren. Internationale Magazine und Zeitungen berichteten über die Sensation. [44] Bei diesem CRISPR-Verfahren wird eine »molekulare Schere« eingesetzt, die den DNS-Strang exakt an der gewünschten Stelle durchschneidet. Man nennt es neuerdings das »Genome Editing«. Das deutsche Nachrichtenmagazin *Der Spiegel* schrieb: »CRISPR funktioniert kinderleicht.« [45] Und was hat das mit den Tintenfischen zu tun?

Biologen, die sich mit dem genetischen Code dieser Tiere befassten, stellten zu ihrem Erstaunen fest, dass der Tintenfisch seinen eigenen Code selbstständig ändert – die Information also umschreibt. Im Tintenfisch läuft demnach ein CRISPR-Verfahren ab, ohne Elektronenmikroskope, ohne sterile Labors und supermikroskopische Werkzeuge. Nach den ersten Feststellungen perplexer Wissenschaftler über die Veränderungen im Erbgut von Tintenfischen befasste sich ein Team um die Genetikerin Isabel Vallecillo-Viejo der Universität Puerto Rico und des Biologischen Forschungszentrums in Woods Hole, Massachusetts, USA, mit dem heiklen Thema. Die Resultate sind eindeutig: Tintenfische können ihren eigenen genetischen Code umschreiben. [46] Dazu muss man wissen: Die vier Grundbausteine des genetischen Codes sind die Chemikalien Adenin, Guanin, Cytosin und Thymin. Sie bilden die Doppelhelix – die gedrehte Leiter – der DNS. Diese vier Bausteine kleben in einer ganz bestimmten Reihenfolge aneinander. Um diese Basenreihenfolge abzuändern, benötigen wir Menschen unsere aufwendigen Labors. Es geht dabei nicht nur um einen willkürlichen Austausch einer Base – irgendeine zufällige Mutation. Der Genetiker muss wissen, *welche* Base durch *welche andere* auszutauschen ist. Sonst entstehen Missbildungen, ein Chaos im Code und damit im Körper der betreffenden Lebensform. Der Tintenfisch weiß, *welche* Basen *wohin* gesetzt werden müssen. Etwas, das bislang für undenkbar gehalten wurde.

Mit den üblichen Erklärungen der Evolutionstheorie ist das Ganze schwer vereinbar. Lächelt in den seltsamen Gehirnzellen des Tintenfisches, die immerhin über den ganzen Körper verteilt sind, irgendein »Geist«? Halten die Tiere uns Menschen für diejenigen, die im Käfig sitzen? Vererben sie ihr Wissen an die Jungen auf eine Weise, die bislang undenkbar schien?

Ähnliche Fragen stellen sich bei den fleischfressenden Pflanzen (Karnivoren). Dachte man früher, dabei handle es sich um eine verspielte Eigenart der Natur mit vielleicht drei, vier Varianten, so weiß man es inzwischen besser. Tausend verschiedene Arten, unterteilt in siebzehn Gattungen, sind registriert. Und jede Gattung entwickelte ihre eigene Art, Beute zu fangen. Da gibt es solche, die ihre Opfer in einfache Fallgruben locken. Einmal drin, ist ein Entkommen nicht möglich. Komplizierter wird es bei den sogenannten Reusenfallen. Durch Duftstoffe werden Insekten und Käfer angelockt. Die Beute kriecht in einen kannenförmigen Hohlraum, wobei der Rückweg durch steife Haare versperrt wird. Wieder andere Pflanzen entwickelten eine klebrige, schmierige Substanz. Die Beute bleibt daran hängen, und je mehr sie sich wehrt, umso aussichtsloser wird die Situation – vergleichbar mit einem Insekt im Spinnennetz. Es gibt sogar Pflanzen, die es fertiggebracht haben, selbst unter Wasser Fallen aufzubauen. Dabei formen die Blätter einen kleinen Hohlraum, in dem ein Unterdruck aufgebaut wird. Bei jeder Berührung öffnet sich dieser Hohlraum, und die Beute wird wegen des kurz entstehenden Sogeffektes hineingesaugt. Diese Methode ist evolutionstheoretisch gesehen schwer verständlich, es sei denn, die Pflanze könnte planen.

Planen setzt Denken voraus, und bei der Pflanze namens Venusfliegenfalle *(Dionaea muscipula)* muss die fabelhafte Evolution wohl planend vorausgedacht haben. Die Pflanze besitzt »Fangblätter« – so nennen es die Fachleute [47, 48] –, und diese

Bild 38

Blätter sind mit spitzen Borsten ausgestattet. Die haben es in sich. Sie verfügen über Gelenke – sind also bewegbar – und reagieren über irgendwelche Sensoren. Wie bei allen fleischfressenden Pflanzen wird die Beute durch Honig und eine rote Farbe angelockt. [Bild 38] Berührt das Opfer eine der Borsten, so geschieht 20 Sekunden lang nichts. Erst wenn eine zweite Borste touchiert wird, klappt das Fangblatt im Bruchteil einer Millisekunde zusammen. Dies entspricht »einer der schnellsten bekannten Bewegungen im Pflanzenreich«. [49] Aber die Pflanze begnügt sich nicht mit irgendwelchen kleinen Insekten, die zufälligerweise ihre Borsten berühren. Eine zu mickrige Beute darf durch die Zwischenräume der Borsten entkommen. Was in der

Blattfalle hängenbleibt, wird zuerst nach seiner Verwertbarkeit untersucht. Gewinnt die Pflanze den Eindruck: *Das lohnt sich nicht,* so öffnet sie ihre Falle wieder. Ist die Beute jedoch verwertbar, so wird die Blattfalle regelrecht versiegelt. Dann sondert die Pflanze irgendwelche Chemikalien ab, um das Opfer aufzulösen.

Was hier geschieht, ist vorausschauende Planung. Was soll's? Alle Tiere planen für die Zukunft. Eine Spinne baut ihr Netz – Zukunftsplanung. Ameisen legen Nahrungsvorräte an – Zukunftsplanung. Der Hund vergräbt seinen Knochen – Zukunftsplanung. Doch die Venusfliegenfalle *ist kein Tier*. Die Pflanze kann nicht herumlaufen und ihre Nahrung jagen. Die Evolution schafft keine Borsten mit Gelenken. Kein Zählwerk und keine Uhr. Doch die Venusfliegenfalle zählt 20 Sekunden ab, bevor sie zuschnappt, und tut dies erst, nachdem die Beute mindestens zwei Borsten berührt hat. Genau genommen ist das kontraproduktiv, denn das Opfer könnte sich innerhalb dieser 20 Sekunden wieder aus dem Staub machen. Die Evolution mag durchaus Blätter hervorbringen, die langsam zuklappen – doch nicht innerhalb einer Millisekunde. Und erst auf den Befehl einer zweiten Borste hin schnappt die Falle zu. Wie gelangte – in einer Millisekunde – das Signal von den Borsten zu den Gelenken der Blätter? Welche Gedankengänge sind nötig, um die Größe und die Verwertbarkeit des Opfers zu analysieren und dann die Falle – nach 20 Sekunden Karenzzeit – endgültig zu versiegeln oder zu öffnen? Muten wir der Evolution da nicht ein bisschen zu viel zu? Genug der Kuriositäten? Nein, es wird noch toller!

Am 18. März 2020 strahlte der Sender ARTE eine Dokumentation von Jacques Mitsch aus, die wie folgt angekündigt wurde: [50, 51]

»Weder Tier noch Pflanze, sondern – ein Blob. Dieser schleimige Superorganismus stellt alles infrage, was der Mensch über intelligentes Leben zu wissen glaubt. Der faszinierende Einzeller ist quasi unsterblich, hat einen unstillbaren Appetit, kann komplexe Probleme lösen und zeigt erstaunliche Lern- und Kommunikationsfähigkeiten.«

Wie war das? Weder Tier noch Pflanze und trotzdem intelligent? Das passte nicht zusammen. Ich bin diesem Blob nachgegangen und lernte das Staunen wieder.

Der Blob *(Physarum polycephalum)* ist eine Schleimpilzart. Genau genommen »sind Schleimpilze gar keine echten Pilze. Ebenso wenig wie sie Pflanzen oder Tiere sind.« [52] Das »Ding« besteht aus einer einzigen Zelle mit Millionen von Zellkernen und kann mehrere Quadratmeter groß werden. [Bild 39] Den Namen verdankt der Blob einem Science-Fiction-Film aus den 1950er-Jahren: *Blob – Schrecken ohne Namen*. Darin wurde die Erde von einem geleeartigen Monstrum aus dem Weltall angegriffen. Tatsächlich verfügt der echte Blob über mehrere Eigenschaften des Science-Fiction-Horror-Wesens.

Das Ding hat weder Augen noch Ohren, keine Nase, keinen Mund oder gar Beine. Es kann weder schmecken und sehen noch verdauen oder fühlen. Es hat kein Nervensystem und auch kein Gehirn. Und trotzdem löst es komplexe Probleme und entwickelt ausgefeilte Strategien – lauter Widersprüche. Die Verhaltensforscherin Audrey Dussutour von der Universität Toulouse, Frankreich, unterzog »das Ding« jahrelangen Versuchsreihen und berichtete, wie der Blob nachts aus den Reagenzgläsern ausgebrochen sei und Nahrung gesucht habe. Madame Dussutour mischte Puddings mit verschiedenen Eiweißen und Süßstoffen, um herauszufinden, was der Blob bevorzugen würde. Bald merkte man auch: Das Ding war scharf auf Haferflocken. Wie sollte das aber funktionieren, wo doch der Blob gar keinen Magen und auch keinen Verdauungstrakt besaß? Die Lösung: Er »überkroch« die Nahrung, und die verschwand. »Das Ding«

Bild 39

verschlang Bakterien, Hefe, Pilze, Puddings und eben: Haferflocken. Seine Fortbewegungsgeschwindigkeit betrug 1 Zentimeter pro Stunde. Wenn es auf Nahrung aus war – also Hunger hatte –, betrug die Geschwindigkeit 4 Zentimeter pro Stunde.

»Das Ding« beschäftigt inzwischen mehrere Wissenschaftler. Die japanischen Professoren Dr. Toshiyuki Nakagaki und Dr. Atsushi Tero von der Universität Hokkaidō sind »Meister des Blob«. Die Resultate ihrer Versuchsreihen sind atemberaubend. Professor Nakagaki baute zwischen den Blob und seiner Nahrung ein U-förmiges Hindernis. Der Blob konnte die Nahrungsquelle nicht sehen – er hat keine Augen. Riechen ging genauso wenig – der Blob hat keinen Geruchssinn. Trotzdem fand die kriechende Masse die Nahrungsquelle auf dem kürzesten Weg. Es wurden mehrere Hindernisse aufgebaut, sogar ein Labyrinth, in dem irgendwo ein Stück Nahrung versteckt lag. Kein Problem für den Blob. Er wählte stets die kürzeste Strecke. Bald merkten die japanischen Wissenschaftler, dass der Blob kein Salz mochte. Lag auf dem Weg zur Nahrungsquelle eine dünne Salzschicht, so kroch der Blob daran vorbei. Kleine Seitenwände wurden aufgestellt, damit der Blob auf seinem Weg zur Nahrung darüberkriechen *musste*. Der Blob lernte – und gewöhnte sich allmählich an das Salz. Dann wurde er in mehrere Stücke zerschnitten. Es bildeten sich Ableger, und auch die waren an das Salz gewöhnt – nicht aber diejenigen Blob-Teile *ohne* Erfahrung mit dem Salzexperiment. Der Blob hatte das Gelernte vererbt. Wie? Das Ding besitzt weder Gehirn noch einen Sexualapparat.

In Deutschland befasste sich Prof. Dr. Hans-Günther Döbereiner von der Universität Bremen mit dem Phänomen des Blob. Er ist Spezialist auf dem Gebiet der neuen Forschungsrichtung »Evolution of basal cognition in single-celled organisms«. Gemeinsam mit seinem Doktoranden Jonghyun Lee entdeckte er Strömungen in den »Venen« des Blob. Sie nennen sie »Protoplasma«. Das Wort stammt aus dem Griechischen und meint: Proton = das Erste; Plasma = das Geformte. Der Blob besitzt aderförmige Strukturen, die sich langsam zusammenziehen und dann wieder locker lassen. Das erklärt seine Fortbewegung und auch den Fluss des »Protoplasmas« in den »Venen«. Doch es ist kein Grund dafür, weshalb der Blob sich in jede Richtung bewegt – es gibt weder »vorne« noch »hinten« – und weshalb jeder Teil, auch wenn hundert Stücke aus einem Blob geschnitten werden, dieselben Informationen besitzt. An der Universität von Florenz befassten sich die Professoren Stefano Mancuso und František Baluška mit den Rätseln des Verstandes ohne Gehirn. Wie konnte der Blob Informationen ohne Gehirnzellen speichern? Und an der Tufts University School of Engineering versuchen Wissenschaftler um Michael Levin herauszufinden, wie um alles in der Welt der Blob kommunizieren kann.

Der Blob wirkt wie eine Initialzündung für viele Wissenschaftsbereiche. Warum kann »das Ding«, was es kann? Wieso ist ein einzelliger Organismus ohne Gehirn fähig zu lernen? Gelehrte mehrerer Länder tauschten Blob-Stücke untereinander aus. Dabei machte die Französin Dussutour eine drollige Feststellung: Es lagen Blob-Proben diverser Länder auf dem Labortisch, und die Forscherin hatte gerade Haferflocken von einem amerikanischen Hersteller und solche von einem Franzosen auf den Tisch geschüttet. Die amerikanische Blob-Probe steuerte zielgenau die amerikanischen Flocken an und verschmähte die anderen.

Wir wissen, dass Ameisen eine Duftspur zurücklassen, auf der sie ihren Weg finden. Der Blob lässt eine mikroskopische Schleimspur hinter sich zurück – und überquert sie kein zweites Mal, außer er würde durch Hindernisse dazu gezwungen. Der Blob weiß: Da war »ich« schon. Werden zwei Blobs untereinander vermischt, so tauschen sie ihre Informationen aus. Wie kann sich ein Organismus, der nur aus derselben Zelle besteht, bewegen, Informationen aufnehmen, analysieren und an seine Ableger weitergeben? Übrigens scheint »das Ding« unsterblich zu sein. Ist keine Nahrung vorhanden, so trocknet der Blob aus – doch ein bisschen Feuchtigkeit, ein Überguss mit Wasser, reicht, um ihn wieder lebendig werden zu lassen.

Der Blob ist inzwischen zur Attraktion im zoologischen Garten von Paris geworden. Es ist geplant, ein Stück Blob ins Weltall zu schießen, um ihn der Schwerelosigkeit, der Strahlung und sogar dem Vakuum auszusetzen. Ich bin nicht so sicher, ob das eine gute Idee ist. Vielleicht ist das Weltall seine Urheimat, und der Blob multipliziert sich milliardenfach und überfällt die Erde wie ein Virus. Oder wie seinerzeit im Horrorfilm *Blob – Schrecken ohne Namen*.

Was immer »das Ding« ist – es ist da. Es widerspricht dem evolutionären Gedanken, wonach sich eines aus dem anderen ergab und in Hunderten von Millionen Jahren Mutationen – Veränderungen – und Ableger schuf. Wäre der Blob *unser* »Urding«, die erste Zelle, aus der alles entstand, so wären wir nicht, was wir sind: Menschen.

Kapitel 2
Wissenschaft! – Wissenschaft?

Ohne die Erfindung des Buchdrucks wüssten wir nichts von einer Evolutionstheorie. Im deutschsprachigen Europa wird allgemein verbreitet, Johannes Gutenberg (1397–1468) sei der Erfinder des Buchdrucks. Doch in China war der »Druck mit beweglichen Lettern« schon über 1000 Jahre früher bekannt. In der Han-Zeit, um 216 v. Chr. bis 204 n. Chr., existierten bedruckte Papiere. In Europa entdeckte Johannes Gutenberg aus Mainz die Kunst, Seiten durch bewegliche Buchstaben zu bedrucken. Ob ihm ein altes, chinesisches Druckerzeugnis als Vorlage diente oder ob er unabhängig davon auf den Gedanken kam, Buchstaben in Blei zu gießen, weiß niemand. Gutenberg arbeitete am sogenannten *Vocabularius Ex quo*, einem lateinisch-deutschen Wörterbuch, das als Hilfsmittel zum Verständnis der *Bibel* diente. Dann, zwischen 1452 und 1454, ließ er in seiner eigenen Werkstatt in Mainz die *Bibel* drucken, insgesamt 150 Exemplare auf Papier und 30 auf Pergament: die inzwischen weltberühmte *Gutenberg-Bibel*. Jetzt konnten viel mehr

Bild 40

Menschen als je zuvor die Heilige Schrift persönlich betrachten. Die Diskussionen über Gott und die Schöpfung erreichten größere Kreise und damit unweigerlich auch die Frage: Wie ist der Mensch entstanden? Waren Adam und Eva tatsächlich die von Gott geschaffenen Urmenschen? Dank des Buchdrucks erfuhren die Gelehrten unterschiedlicher Länder, was andere Herren – damals durfte es keine gelehrten Damen geben – über die Entstehung des Lebens dachten. In der *Bibel* stand, Gott habe zuerst die Pflanzen und erst danach das tierische Leben erschaffen. Auf dieselben Gedanken war schon der griechische Philosoph und Astronom Anaximander von Milet (610–547 v. Chr.) gekommen. Er führte die Entstehung des Menschen auf frühere Lebewesen zurück. Über 1000 Jahre später formulierte der Pariser Geistliche Denis Diderot (1713–1784), der auch Romane verfasste, die Idee, der Mensch könne auch von Tieren abstammen. Heute ist der größte Teil der wissenschaftlichen Gemeinschaft überzeugt, die Evolutionstheorie sei definitiv bewiesen und damit ließen sich alle Fragen zu den verschiedenen Lebensarten problemlos erklären. Eine andere, täglich stärker werdende Gruppe von Wissenschaftlern vertritt genau die gegenseitige Position: Die Entstehung des Lebens mitsamt den Arten stehe in fundamentalem Widerspruch zur Evolutionstheorie. Was stimmt jetzt?

Als Erfinder der Theorie gilt der Brite Charles Darwin (1809–1882). [Bild 40] Doch er selbst nannte in seinem Werk *Über die Entstehung der Arten* [53] gleich mehrere Gelehrte, die wie er auf ähnliche Gedanken gekommen waren. So war im Jahre 1809 in Paris das Werk *Philosophie zoologique* des französischen Botanikers Jean Baptiste de Lamarck erschienen und hatte für den ersten Expertenstreit über die Evolution gesorgt. Lamarck vertrat nämlich die Idee, dass alle Organismen ihre Eigenschaften, die sie während des Lebens erworben hätten, weitervererben würden. Als eines von vielen Beispielen nannte er den langen Hals der Giraffe. Der Vorfahre der Giraffe, so Lamarck, hätte in trockener Umgebung den Hals strecken müssen, um an weit oben befindliche Blätter von Bäumen zu gelangen. Also habe sich über mehrere Generationen hinweg ein langer Hals entwickelt. Erst Jahrzehnte später merkten diverse Philosophen und Botaniker, wie gefährlich der »Lamarckismus« für die menschliche Gesellschaft werden könnte. Wenn Eigenschaften vererbt werden, müssten zwangsläufig immer klügere – oder dümmere – Menschen geboren werden. Ein Diktator könnte sich auf seine Vorfahren berufen und behaupten, sein Gegenwartswissen enthalte das Wissen seiner Ahnen. Er sei den anderen überlegen (blaues Blut), und man hätte ihn zu respektieren.

Schließlich griff der deutsche Arzt Friedrich Leopold August Weismann (1834–1914) den Lamarckismus in mehreren Vorträgen an. Er demonstrierte, dass die Idee mit den vererbten Eigenschaften über die Zellen nicht zutreffen könne. Weshalb – so fragte er beispielsweise – verändern sich die Soldaten in einem Ameisenhaufen nicht? Natürlich kannte Weismann bestimmte Tatsachen der Vererbung, doch die entstanden nicht durch irgendeine Mutation der Zellen, sondern durch die Vererbung über die Keimbahn. Nur Mutationen dieser Keimbahn können Abänderungen des Körpers bewirken – aber nicht die Zellen, auch wenn sie sich durch die Umwelt verändert haben mögen.

Weismann hatte den Streit um den Lamarckismus nur angestoßen – nach ihm begannen die wissenschaftlichen Debatten. Als der französische Baron Pierre de Coubertin (1863–1937) im Jahr 1894 die Olympischen Spiele wiedererweckte, war er vom Geist des »Neolamarckismus« durchdrungen. Seine Idee war, die Franzosen durch Sport fit zu machen. Er meinte – übrigens wie auch die damaligen Engländer –, Fitness würde vererbt, und dementsprechend würde jede Generation leistungsfähiger als die vorangegangene. Dieses Gedankengut wurde auch durch die Nationalsozialisten Deutschlands vertreten. Die Resultate sind bekannt. Was also ist an dieser Evolutionstheorie so brisant, und wie war Charles Darwin überhaupt darauf gekommen?

Charles Darwin wurde am 12. Februar 1809 in Shrewsbury, England, geboren. Nach der Schule, die er in einer Religionsgemeinschaft seiner Mutter und in einem Internat absolvierte, wechselte er in die Fächer der Theologie und der Philosophie. Als 22-Jähriger durfte er an einer Reise auf dem Vermessungsschiff *HMS Beagle* teilnehmen. Die *Beagle* gehörte der britischen Marine, und die Fahrt sollte nach Südamerika, Patagonien, Feuerland und Chile führen. Charles, der sich in seiner Freizeit immer schon mit Vögeln und Muscheln beschäftigt hatte, war überglücklich. Er schleppte viel Schreibmaterial und Papier an Bord. Die Reise dauerte 5 Jahre. Die *HMS Beagle* kehrte am 2. Oktober 1836 nach England zurück.

Auf den Galapagos-Inseln waren Darwin verschiedene Schildkröten und Vögel aufgefallen, die zwar jeweils eindeutig zur selben Art gehörten, aber je nach Insel leicht verändert aussahen und auch unterschiedliche Aufgaben bewältigten. Er beobachtete Finken mit dicken und solche mit schmalen Schnäbeln. [Bild 41] Die einen konnten Nüsse aufbrechen, die anderen mussten sich mit Samen begnügen. Darwin merkte bald, woran es lag. Die Schmalschnäbel waren gar nicht fähig, Nüsse aufzuknacken, weil sie in einem anderen Umfeld – auf einer anderen Insel – als die Dickschnäbel aufgewachsen waren. Die Umwelt hatte ihre Art verändert. Ähnliche Veränderungen stellte Darwin bei den unterschiedlichsten Tieren und Pflanzen fest. So wuchs in ihm der Gedanke, der Stärkere setze sich durch, ganz nach dem Prinzip des »Survival of the fittest«. Darwin beobachtete, dass die Tiere einer Population stets mehr Nachkommen zeugten, als für die Erhaltung ihrer Art eigentlich notwendig waren. Zudem konnten die Tiere einer Gattung unterschiedliche Fähigkeiten entwickeln – je nachdem, was ihre Umwelt zu

Bild 41

bieten hatte. Bald merkte Darwin auch, dass diejenigen Tiere, die sich am besten angepassten, eindeutig einen Vorteil gegenüber den weniger angepassten besaßen. Und er war der Meinung, die unterschiedlich erworbenen Fähigkeiten einer Gattung würden an die nächsten Generationen weitergegeben. Die Theorie, die er schließlich aufstellte, war zu seiner Zeit eigentlich nichts grundsätzlich Umwerfendes. Darwin persönlich kannte mehrere Gelehrte, die sich mit ähnlichen Gedanken herumschlugen. Trotzdem wagte er sich zunächst nicht an die Öffentlichkeit. Volle 20 Jahre diskutierte er seine Auffassungen nur unter Kollegen und insbesondere innerhalb der Linnean Society of London, deren Mitglied er war. Die Linnean Society ist die älteste Gesellschaft der Welt, die sich mit der Biologie beschäftigt, und ihr gehörte auch ein gewisser Alfred Russel

Wallace (1823–1913) an. Dieser war Insektensammler, Anthropologe und zudem ein hervorragender Zeichner. So kam es, dass Darwin und Wallace ihre Gedanken zuerst in der Linnean Society austauschten und präsentierten: Theorien, die zwar unabhängig voneinander entstanden, doch viele Gemeinsamkeiten aufwiesen. Dank der Kunst des Druckens verbreitete sich Darwins Evolutionstheorie weltweit und entfachte einerseits Begeisterungsstürme und andererseits hasserfüllten Spott. Woher kam die emotionell aufgeladene Kontroverse?

Bis zu Darwins Publikation hatte die Heilige Schrift gegolten, und dort – im ersten Buch Moses der *Bibel* – war nachzulesen, wie Gott die Erde, dann die Pflanzen, die Tiere und endlich die Menschen erschaffen hatte. Die biblische Lehre galt unangefochten als heilig, von Gott persönlich diktiert. Für die Gläubigen, und dies galt für Christen aller Gruppierungen, doch auch für Juden und Muslime, hatte der himmlische Schöpfer die Welt mit allem, was auf der Erde lebte, erschaffen. Ein Zweifel daran galt als Ketzerei, für den man noch 100 Jahre vor Darwin auf dem Scheiterhaufen gelandet wäre. Doch in den Köpfen vieler Intellektueller rumorte es längst. Darwins Zeit war die Zeit der Aufklärung. Seine Theorie wirkte wie ein Befreiungsschlag gegen die Zwänge des Glaubens. Die Macht der Kirchen ging so manchem auf die Nerven – man wollte *wissen* und nicht *glauben*. Schon 200 Jahre vor Darwin hatte der britische Staatsmann und Philosoph Francis Bacon (1561–1626) mehrere Schriften publiziert, in denen er eine Trennung von Wissen und Glauben verlangte. Bacon war überzeugt, der Mensch könne die Natur nur dann verstehen, wenn er die Zusammenhänge nach Ursache und Wirkung analysiere. Deshalb müssten Experimente gemacht und die Verbindungen zwischen den Ereignissen aufgedeckt werden. Der Grundsatz »Wissen ist Macht« stammt von Francis Bacon. [53]

Darwin hatte auch Theologie und Philosophie studiert, und so war er mit den Veröffentlichungen des deutschen Philosophen Immanuel Kant (1724–1804) vertraut. [Bild 42] Der galt als Aufklärer und verlangte einen echten Beweis für die Existenz Gottes. Kant hatte von den Gelehrten Mut gefordert und sie angewiesen, sich ihres eigenen Verstandes zu bedienen und dazu zu stehen. Mit der Theorie der Entstehung unserer Planeten aus einem Urnebel war Kant genauso vertraut wie mit der Tatsache, dass die Planeten in Bahnen um die Sonne kreisten und die Erde sich um ihre eigene Achse drehte. Er hielt sogar bewohnte Planeten außerhalb unseres Sonnensystems für normal. Lange vor Albert Einstein unterschied Kant zwischen Raum und Zeit und dozierte, wir Menschen würden nicht die »Dinge an sich« erfassen, sondern nur ihr Äußeres, ihre Erscheinung. [54] Die von den Theologen vorgebrachten Beweise für eine Existenz Gottes hielt er für einen Unfug. Zitat:

»Wenn man also für die Naturwissenschaft und in ihren Kontext den Begriff von Gott hereinbringt, um sich die Zweckmäßigkeit in der Natur erklärlich zu machen, und hernach diese Zweckmäßigkeit wiederum braucht, um zu beweisen, dass ein Gott sei: so ist in keiner von beiden Wissenschaften innerer Bestand.« [55]

In seinem Hauptwerk *Kritik der reinen Vernunft* verlangte Kant, die Unterscheidung zwischen den Empfindungen und der Wirklichkeit, dem Subjektiven und dem Objektiven, vorzunehmen.

»Alles, was außer dem guten Lebenswandel der Mensch noch zu tun können vermeint, um Gott wohlgefällig zu werden, ist bloßer Religionswahn und Afterdienst Gottes.« [56]

Auch die Lehren von Arthur Schopenhauer (1788–1860), der sich selbst als Schüler von Immanuel Kant betrachtete, waren Charles Darwin vertraut. Schopenhauer, ein Doktor der Philo-

Bild 42

Bild 43

sophie, vertrat die Ansicht, der Welt liege »ein irrationales Prinzip« [57] zugrunde. [Bild 43] Schopenhauer kannte Johann Wolfgang von Goethe persönlich, und in Weimar führten beide philosophische Gespräche. Wer wen beeinflusste, ist nicht bekannt. Schopenhauer vertrat die Idee, der Wille sei die Triebfeder des Menschen. Jedes Handeln folge immer einem Willen. Er hielt »den Charakter des Menschen« für angeboren und unveränderlich, gegen den man nichts machen könne, und nur wegen des »Charakters« könne der Mensch bestimmte Dinge wollen. Schopenhauer unterschied klar zwischen dem Verstand und der Vernunft. Der Verstand könne beurteilen, was geschehe. Er könne feststellen, welche Ursache ein Geräusch habe oder mit welcher Kraft ein Speer geworfen werden müsse, um sein Ziel zu treffen. Die Vernunft hingegen untersuche die Gründe dahinter. Zitat:

»Jeder dumme Junge kann einen Käfer zertreten, aber alle Professoren der Welt können keinen herstellen.« [58]

In diese Gedankenwelt hinein platzte Darwins Evolutionstheorie. Der Boden war bereitet. Die Geisteswissenschaftler, und was sich dazu zählte, hielten nichts von der biblischen Schöpfungsgeschichte. Zwar besuchte man brav die Kirche, betete mit der Familie, hielt sich an die Zehn Gebote und die Feiertage – doch im Innern nagte der Zweifel. Was sollte das für ein Gott sein, der zwar Pflanzen und Tiere erschaffen hatte, dem Eigenschaften wie »allmächtig« und »allgütig« zugeschrieben wurden, der aber nicht in der Lage war, die Ungerechtigkeiten dieser Welt zu beheben? Ein gutmütiger Gott, der eine Natur aus Pflanzen und Tieren geschaffen hatte, in der der Stärkere immer den Schwächeren fraß, und oft auf grausame Weise? Die damalige Oberschicht, die sich für etwas Besseres hielt als das arbeitende Volk, war nicht glücklich mit einer Religion, die ständig mit Begriffen wie Sünde, Verderbnis und Verdammnis drohte und die Menschen unter Druck setzte – einer Religion zudem, die alles verdammte und als unrein abtat, was mit der Sexualität zu tun hatte. Jahrhundertelang hatte die Kirche ihre Macht nicht nur ausgebaut, sondern auch missbraucht. Dementsprechend war es nicht außergewöhnlich, wenn eine intellektuelle Schicht an den biblischen Aussagen zur Menschwerdung zweifelte. Es *musste* andere Antworten geben. Nicht der Glaube, sondern die Vernunft sollte zum Leitmotiv des Lebens werden. Also suchten die Menschen nach anderen Betrachtungsweisen für die Abläufe in der Natur. Dazu passte Darwins Lehre von der Evolution und Selektion vortrefflich. Zudem waren seine Beweise für jedermann sichtbar und für jeden Verstand vernünftig. Darwin behauptete nichts, er verlangte keinen Glauben, sondern er konnte die unterschiedlichen Pflanzen und die Abarten von Tieren derselben Gattung vorlegen. Was wollte man mehr?

Obwohl Darwin in der Öffentlichkeit verspottet wurde und sogar Bilder zirkulierten, die ihn als Affen zeigten, wurde seine Theorie zusehends populärer. Die intellektuelle Oberschicht spendete Beifall, zuerst heimlich, dann lauter. Jeder Vernünftige konnte Darwins Gedankengänge nachvollziehen, und wer seine Theorie verdammte, galt bald nicht mehr als »in«. Langsam bildete sich eine neue Schicht von Gläubigen: diejenigen, die an die Evolutionslehre glaubten. Wer Darwins Theorie verwarf, wurde plötzlich eher mitleidig belächelt. Der glaubte eben noch an die Geschichte vom lieben Gott der *Bibel*, der alles erschaffen hatte, hieß es. Es kam, wie es kommen musste: Darwin fand brillante Fürsprecher.

Ernst Heinrich Philipp August Haeckel (1834–1919) war einer von ihnen. [Bild 44] Haeckel, ein hervorragender Mediziner und Professor für Anatomie in Jena, Deutschland, trug maßgebend zur Verbreitung von Darwins Evolutionstheorie bei. Unter anderem – und das wissen die heutigen Grünen nicht – war er der Erfinder des Begriffes Ökologie. Als Anatom kannte Haeckel jeden Knorpel und jeden Knochen des menschlichen Körpers, und aus seinem Fachwissen heraus formulierte er die natürliche Schöpfungsgeschichte. [59] Von einem biblischen Schöpfungsakt hielt Haeckel gar nichts. Er postulierte eine Einheit zwischen Geist und Materie. (Ein Gedanke, der in unserer Zeit genauso von namhaften Physikern vertreten wird. Hinter dem Atom werden die subatomaren Teilchen und dahinter »der Geist in der Materie« erkannt. [60]) Haeckel setzte sich vehement dafür ein, Darwins Theorie als Unterrichtsfach an den Gymnasien zu lehren. Dies führte zu heftigen, auch öffentlich ausgetragenen Kontroversen. Noch im Jahr 1878 hatte sich der Sozialdemokrat August Bebel (1840–1913) im Reichstag in Berlin dafür eingesetzt, Darwin in die Schule einzugliedern. Sein Widerpart Otto von Bismarck (1815–1898) plädierte dagegen. [61]

Nach Haeckel war der Beginn allen Lebens auf einen gemeinsamen Ursprung zurückzuführen. [62] Auch dies ist ein mo-

Bild 44

Prof. Haeckel, Jena.

Taken with ZEISS Tessar

derner Gedanke: Die heutige Wissenschaft sieht hinter dem Ursprung des Lebens eine gemeinsame Urzelle. Doch Haeckel entwickelte sich mehr und mehr zum Rassisten. Er hielt Vorträge über die künstliche Züchtung und die Rassenhygiene des Menschen und wurde zum Wegbereiter des Sozialdarwinismus. Führende Propagandisten der Nationalsozialisten beriefen sich später auf Haeckels Arbeiten. Im Jahr 1900 war Haeckel der Vorsitzende einer Gesellschaft, die sich mit der Rassenhygiene auseinandersetzte. Dort wurde die Gleichheit der Menschen als eine Fehlentwicklung eingestuft, die eine Degeneration der gesamten Zivilisation nach sich zöge. Haeckel schrieb:

»Es kann daher auch die Tötung von neugeborenen verkrüppelten Kindern, wie sie zum Beispiel die Spartaner behufs der Selektion des Tüchtigsten übten, vernünftigerweise gar nicht unter den Begriff des Mordes fallen, wie es noch in unseren modernen Gesetzbüchern geschieht.« [59]

Doch hinter den Debatten, die damals in allen nur denkbaren intellektuellen Kreisen, Klubs und politischen Zirkeln geführt wurden, steckte Darwins Evolutionstheorie. Sie war der Nährboden, das Salz in der Suppe der neuen Weltsicht, gepaart mit dem Verlust des Glaubens an die biblische Schöpfungsgeschichte und dem Appell an die reine Vernunft.

In diese Zeit des Aufbegehrens platzte *Das Kommunistische Manifest* von Karl Marx (1818–1883) und Friedrich Engels (1820–1895). Die Idee des Kommunismus war geboren. [Bild 45] Auch im *Kommunistischen Manifest* beriefen sich die Autoren auf Darwin: Alles ist auf natürliche Weise erklärbar, vernünftig. Eine Schöpfung ist überflüssig. Gott ist tot. In der Gesellschaft kristallisierten sich mehr und mehr zwei Hauptströmungen heraus: die Gläubigen und die Ungläubigen. Die Gläubigen hielten an Gott fest, sie glaubten an eine Schöpfung und auch daran, dass alles von einem göttlichen Geist durchdrungen sei. Die

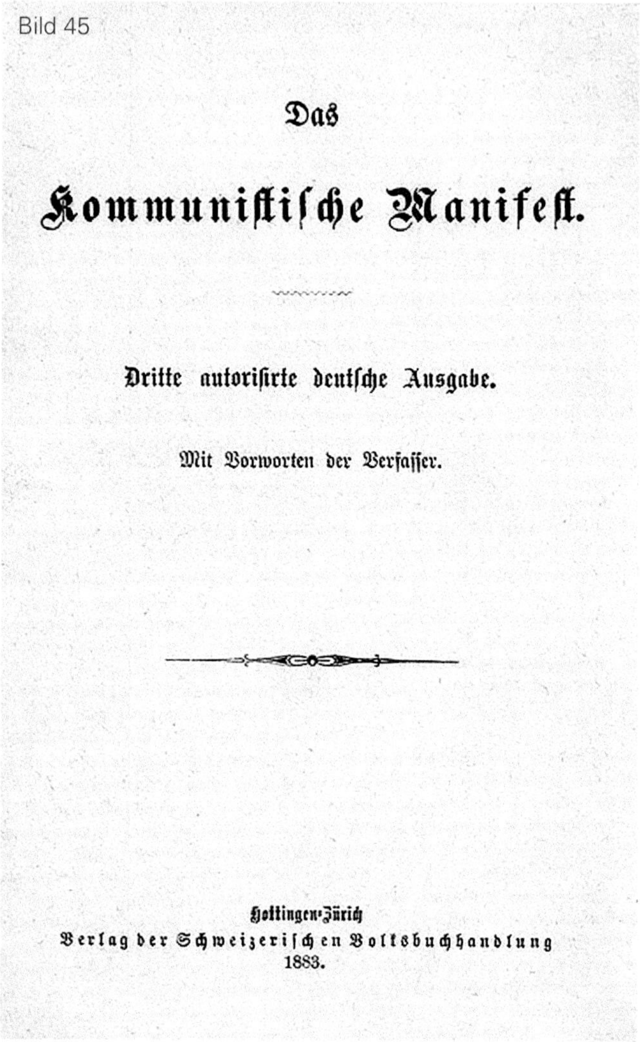

Bild 45

Das

Kommunistische Manifest.

Dritte autorisirte deutsche Ausgabe.

Mit Vorworten der Verfasser.

Hottingen-Zürich
Verlag der Schweizerischen Volksbuchhandlung
1883.

Ungläubigen hielten von alldem nichts. Man benötigte keinen Gott, um die Natur und das Leben zu verstehen. Und wer mitreden wollte und dennoch von Zweifeln geplagt wurde, was richtig und was falsch sei, las Nietzsche. Der hatte mit dem christlichen Gott endgültig abgerechnet.

Friedrich Nietzsche (1844–1900), ausgerechnet ein Pfarrerssohn mit einer hervorragenden Schulbildung, sollte seinen Christenglauben verdammen. [Bild 46] Selbstverständlich bewunderte Nietzsche die Evolutionstheorie von Charles Darwin. Er war ein Anhänger von Schopenhauer und Schopenhauer einer von Kant. Nietzsche verachtete die Gläubigen. In seinen Augen waren sie nichtwissend. Nietzsche hatte in Bonn und Leipzig Philosophie studiert. Im Jahre 1869 – da war er gerade einmal 25 Jahre alt – erhielt er an der Universität Basel, Schweiz, eine Professur für Griechische Sprache und Literatur. Die musste er 9 Jahre später aus gesundheitlichen Gründen ablegen. Körperlich war Nietzsche klein und kränklich – er litt an starken Kopfschmerzen. Vielleicht war dies ein Grund, weshalb er den sogenannten Übermenschen verherrlichte. 1876 gab er eine Abhandlung mit dem Titel *Unzeitgemäße Betrachtungen* he-

raus und stellte darin fest, dass die politisch-moralischen Werte dem jeweiligen Zeitgeist unterliegen würden. [63] Aus heutiger Sicht betrachtet hatte er sogar recht. Nietzsche war ein Freund des Komponisten Richard Wagner. Nietzsche und Wagner verbrachten eine gemeinsame Zeit am Vierwaldstättersee in der Schweiz. Doch später ging die Freundschaft zu Bruch. Nietzsche bezeichnete Wagners Kunst als krank. Er hielt seinem Exfreund vor, er »krieche vor dem Kreuze«.

Nietzsches Denken wurde mehr und mehr von Darwins Evolutionstheorie geprägt. Er plädierte für den Machtmenschen – der Schwache war ihm zuwider. In seinen Werken *Der Wille zur Macht* und *Also sprach Zarathustra* beschreibt er die Entwicklungsstufen des Menschen: von der Abhängigkeit, von der sich nur der Starke lösen kann, zum freien und unabhängigen Denker. Die Gläubigen jeder Religion waren für Nietzsche Kriecher, unfähig, sich zu erheben. Dies bezeugt er in seinem Buch *Der Antichrist* – eine gnadenlose Abrechnung mit seiner eigenen Religion. Immerhin – ich schrieb es schon – war Nietzsche als Sohn eines Pfarrers aufgewachsen und hatte hervorragende, christliche Schulen besucht. Nietzsches Wortwahl und Sprachgewalt sind unvergleichlich. Dies mögen einige Zitate aus seinem Buch *Der Antichrist* belegen: [64]

»Es steht niemandem frei, Christ zu werden. Man wird nicht zum Christentum bekehrt – man muss krank genug dazu sein.« (Kapitel 51)

»Glaube heißt Nicht-wissen-Wollen, was wahr ist.« (Kapitel 52)

»Diese ewige Anklage des Christentums will ich an alle Wände schreiben, wo es nur Wände gibt. Ich habe Buchstaben, um auch Blinde sehend zu machen … Ich heiße das Christentum den einen großen Fluch, die eine große innerliche Verdorbenheit, den einen großen Instinkt der Rache, dem kein Mittel gif-

tig, heimlich, unterirdisch, klein genug ist. Ich heiße es den einen unsterblichen Schandfleck der Menschheit.« (Kapitel 62)
»Ich verurteile das Christentum, ich erhebe gegen die christliche Kirche die furchtbarste aller Anklagen, die je ein Ankläger in den Mund genommen hat. Sie ist mit die höchste aller denkbaren Korruptionen, sie hat den Willen zur letzten auch nur möglichen Korruption gehabt.« (Kapitel 62)

Nietzsche zelebrierte seine Wut gegen Gott – insbesondere den christlichen. Den Gedanken an eine »vererbte Sünde« – die Erbsünde – konnte nach Nietzsche nur in kranken Gehirnen entstehen. Und mit der Korruption der Kirche meinte er den Ablasshandel und die verlogene Geschäftemacherei mit Grundstücken. Unzählige Christen hatten ihren Besitz nur deshalb der Kirche vermacht, damit ihre irdische Schuldigkeit getilgt und sie in den Himmel aufgenommen würden – nach Nietzsche nichts als Lug und Trug.

Trotz seiner Einstellung für den Starken und den Machtmenschen lehnte Nietzsche den deutschen Nationalsozialismus komplett ab. Doch Nietzsches Welt wäre ohne Darwins Evolutionstheorie nie geboren worden. Erst Darwin hatte die wissenschaftlichen Voraussetzungen geschaffen, einen Gott überflüssig zu machen. Die Religion beanspruchte das Übernatürliche. Jetzt endlich gab es dafür natürliche Erklärungen. Für die Intellektuellen, jene, die nichts mit dem Übernatürlichen zu tun haben wollten, war dies ein Befreiungsschlag. Immer mehr Gruppierungen verlangten, die Menschheit müsse auf physikalische Beweise bauen und nicht auf einen unbeweisbaren Glauben. So verschob sich die öffentliche – und die veröffentlichte – Meinung in Richtung Wissenschaft. Glaube war Privatsache – Wissen war Macht. Obwohl viele Geistesgrößen ahnten, dass die Evolutionstheorie niemals der Schlüssel zum Verständnis der Arten sein konnte, standen sie trotzdem dazu. Dies taten sie wohl stur aus dem Zwang heraus, den die atheistische Weltanschauung mit sich brachte. So sagte der französische Biochemiker Ernest Kahane (1903–1996) am 17. November 1964 in einem Vortrag bei der Europäischen Organisation für Kernforschung (CERN) in Genf:

»Es ist absurd und absolut unsinnig zu glauben, dass eine lebendige Zelle von selbst entsteht. Dennoch glaube ich es, denn ich kann es mir nicht anders vorstellen.«

Noch deutlicher drückte es der schottische Anthropologe Sir Arthur B. Keith (1866–1955) aus. Keith war sowohl Mitglied des Royal College of Surgeons in London als auch der National Academy of Sciences in den USA. In Siam (Südostasien, heute vorwiegend Thailand) hatte er sich jahrelang mit Affen und Menschenaffen beschäftigt, und er sah in den Affen den Ursprung des Menschen. Obwohl ein glühender Bewunderer von Darwin, sagte er bei seiner Antrittsrede zum Rektorat der Universität Aberdeen: [65]

»Die Evolutionstheorie ist unbewiesen und unbeweisbar. Wir glauben aber daran, weil die einzige Alternative dazu der Schöpfungsakt eines Gottes ist. Und das ist undenkbar.«

So mancher Biologe und Anthropologe fühlte dasselbe. Gott durfte nicht sein – lieber an das Unmögliche glauben, nur nicht an Gott. In der *New York Review* vom 9. Januar 1997 bekannte auch der Biologieprofessor Dr. Richard Lewontin: [66]

»Wir schlagen uns auf die Seite der Wissenschaft trotz der offenkundigen Absurdität mancher ihrer Konstrukte, denn einen göttlichen Fuß in der Türe können wir nicht zulassen.«

Und Nobelpreisträger Prof. Dr. James Watson, einer der führenden Genforscher und Mitentdecker der DNS, der allerdings im hohen Alter zum Rassisten wurde, bemerkte:

»Die Evolutionstheorie ist eine weltweit anerkannte Theorie, nicht, weil sie bewiesen werden könnte, sondern, weil sie die einzige Alternative zur Schöpfung ist, an welche wir nicht glauben wollen.« [66]

Bleibt noch der Atheist und Philosoph Malcolm Muggeridge (1903–1990) zu nennen, ein britischer Journalist und öffentlicher Vertreter der Evolutionstheorie: [67]

»Ich selbst bin davon überzeugt, dass die Evolutionstheorie, besonders das Ausmaß, in dem sie angewendet wird, als einer der größten Witze in die Geschichtsbücher der Zukunft eingehen wird. Die Nachwelt wird sich wundern, wie eine so schwache, dubiose Hypothese so unglaublich leichtgläubig akzeptiert werden konnte.«

Inzwischen ist Darwins Lehre zum Credo der Anthropologie geworden. Jeder Zweifel daran ist so etwas wie ein akademischer Selbstmord. Wie zu Beginn des Streites um die Evolution stehen sich auch heute zwei unversöhnliche Gruppen gegenüber. Die »Pro-Darwin«-Vertreter werden von der anderen Seite als gottlose Materialisten beschimpft, die »Gegen-Darwin«-Vertreter als naive Menschen, die noch an einen lieben Gott glauben. In den USA, dem Land der christlichen Religionen, bildeten sich starke Gruppierungen der sogenannten Kreationisten. Das sind diejenigen, die an eine Kreation (= Erschaffung), eine Schöpfung, glauben. Sie lehnen Darwin radikal ab. Was soll denn an der Evolutionslehre falsch sein?

Im ersten Kapitel dieses Buches stellte ich die Fähigkeiten einiger Tiere vor, die schwer unter den Mantel der Evolution passen:

- das Elektrizitätswerk im Bauch der Zitteraale,
- die Geschlechtsumwandlungen von Tieren vom Männchen zum Weibchen und wieder zurück,
- eine Schnecke mit zwei Penissen,
- das Ortungssystem der Fledermäuse,

- geklonte Ameisensoldaten neben normalen Ameisen,
- die unterschiedlichen Schlangengifte,
- Wasserspinnen, die eine Luftblase unter Wasser transportieren,
- die »explodierenden« Nesselzellen der Seewespen,
- das über den ganzen Körper verteilte Gehirn des Oktopus,
- die Fangblätter der Venusfliegenfalle, die sich in einer Millisekunde schließen,
- der Blob – eine denkende und planende Lebensform ohne Gehirn.

Sämtliche Fragen, die ich dazu aufgeworfen habe, sind auch den blitzgescheiten Biologen und Zoologen vertraut. Man kennt die Löcher in Darwins Theorie, man weiß über die Absurditäten Bescheid. Also müssen Erklärungen für das Unmögliche her. Und wenn keine Lösung passen will, wird die Theorie angepasst. Es wird gedehnt und ausgeweitet, stets unter dem Mäntelchen der Wissenschaft. Der heutige Darwin ist nicht mehr der ursprüngliche Darwin. Zwei Beispiele:

In Australien leben zwei Arten des Magenbrüterfrosches *(Rheobatrachus)*. Der Südliche Magenbrüterfrosch wurde erstmals 1972 in Südost-Queensland, nördlich der Stadt Brisbane, entdeckt, der Nördliche Magenbrüterfrosch 1984 in einem Gebirgszug der Clarke Range im Nordosten desselben Bundeslandes. [68] Diesen Fröschen gelingt das Unmögliche: Sie brüten ihre Jungen im Magen aus. Wie soll das funktionieren? Nach der Besamung schluckt das Weibchen die befruchteten Eier, und der Magen tut plötzlich nicht, wozu er eigentlich da ist: Verdauen. Abrupt verändert er seine Funktion. Die Magensäfte lösen sich auf und das Organ mutiert zur Gebärmutter. Während der Brutzeit kann der Frosch keinerlei Nahrung aufnehmen. Im Magen wachsen immerhin bis zu 25 Jungfrösche heran. Je nach Größe verlassen sie dann den Körper ihrer Mutter durch das Maul.

Die Entstehung dieser Art des Brütens im Magen eines Tieres ist in einem langsamen, evolutionären Prozess völlig unmöglich. Das Maul ist konstruiert zum Fressen und der Magen zum Verdauen. Anders geht's nicht – und dennoch bleibt die Tatsache der im Magen ausgebrüteten Frösche. Wie lösen die Evolutionstheoretiker ein derartiges Rätsel?

Ein ähnliches Problem zeigt sich bei der Entwicklung des Auges. Woher soll die erste lichtempfindliche Zelle gekommen sein, aus der sich später Augen entwickelten? In ihrem hervorragenden Werk *Evolution, ein kritisches Lehrbuch,* vermerken die Biologen Reinhard Junker und Niko Winkler dazu: [69]

»Der Augen-Prototyp kann nicht durch Selektion erklärt werden, denn Selektion kann die Evolution nur dann vorwärtsbringen, wenn das Auge wenigstens zu einem kleinen Teil funktioniert.«

Durch welche Wunder soll die Evolution ein Auge hervorgebracht haben? Sie – Die Evolution? Die Natur? – kann schließlich nicht im Voraus organisieren, welches Organ einmal wichtig sein wird. Die Evolution ist kein denkender Geist, der für die Zukunft plant. Also überbrücken die Evolutionstheoretiker ihren Zwiespalt mit der Annahme, die Evolution – ich benutze hier mal einen Begriff aus dem Berndeutschen – pröble. Klingt gut und ist genauso unwissenschaftlich wie die Meinung, ein Gott stecke dahinter. Eine pröbelnde, das heißt versuchende Evolution würde wieder irgendeinen Geist oder etwas Spirituelles voraussetzen, der/das pröbeln kann. Quasi: Wir wollen doch mal sehen, was dabei herauskommt.

Man passt sich an. Dr. Claus Wedekind, Professor für Ökologie und Evolution an der Universität Lausanne, Schweiz, sagte dazu: [70]

»Evolution ist überprüfbar, sie muss nicht zwangsläufig Jahrmillionen dauern. Evolution kann manchmal sehr schnell gehen.«

In den 1930er-Jahren entwickelte der Nobelpreisträger Thomas Hunt Morgan (1866–1945) die ersten Ergänzungen zu Darwins Theorie. Morgan arbeitete als Professor für experimentelle Zoologie an der University of California, USA. Er hielt Darwins Theorien für grundsätzlich richtig, aber dennoch zu spekulativ. Also suchte er nach Beweisen und begann, sich intensiv mit der Drosophila-Fliege zu befassen. Er entdeckte die Positionen der verschiedenen Gene in den Chromosomen der Fliege. [71] Morgan gilt heute als einer der Gründungsväter der neuen Wissenschaft der Genetik. Es bildete sich eine Synthetische Evolutionstheorie heraus, nach der sich die Entwicklungen immer in kontinuierlichen, kleinen Schritten vollziehen und vererbbare Beeinflussungen des Genoms nicht möglich sind. Die Veränderungen der Arten wurden in der Reihenabfolge der Gene definiert.

Auch diese Theorie musste erweitert werden, und es entstanden die Kritische Evolutionstheorie und die Systemtheorie der Evolution. Bei der Kritischen Evolutionstheorie ist es nicht die Umwelt, die die evolutionären Wandlungen vollbringt, sondern die jeweils erreichte genetische Zusammensetzung. Auch diese Theorie vermag die Entstehung von etwas grundsätzlich Neuem in der genetischen Abfolge nicht zu erklären. Die Systemtheorie der Evolution half genauso wenig, die elementaren Fragen zu klären. Nach ihr sollten die im Genom höher angelegten Gene für die Veränderung von untergeordneten Genen verantwortlich sein.

Den Evolutionstheoretikern waren schon seit 1927 die generellen Begriffe Makroevolution und Mikroevolution bekannt. Unter der Makroevolution versteht man die Entstehung neuer Formen, wie etwa ein völlig anderes Organ in einem Lebewesen.

Die Mikroevolution ist die Veränderung innerhalb einer Art – wenn beispielsweise aus einem Hund verschiedene Hundearten entstehen. Entwickelt wurde auch die Safe-Harbor-Hypothese, in der vorgeschlagen wird, die Entwicklung einer Lebensform würde in einer sicheren Umwelt (= Entwicklungsstadium) länger dauern als in einer gefährlichen Umwelt. So würde die Fresslust von Räubern eine Larve dazu zwingen, ihre Entwicklung rascher voranzutreiben als in einer friedlichen Umgebung. Woher die Larve wissen soll, dass sie gefressen wird und ihre Information an die nächste Generation weitergeben muss, bleibt dabei unerfindlich. Nicht weniger geistreich ist die Soziale Evolution. Dass sich Menschen auch ihrer sozialen Umwelt anpassen, ist richtig – doch die nächste und übernächste Generation kann in völlig anderen sozialen Umwelten aufwachsen, etwa wegen Kriegen oder verheerenden Naturkatastrophen. Das soziale Verhalten wird im evolutionären Sinne nicht weitergegeben. Gemäß der ursprünglichen Lehre von Darwin dürften eigentlich nicht angepasste Populationen auf die Dauer gar nicht überlebensfähig sein – sie existieren aber trotzdem munter weiter.

Neue Vorstellungen – neue Eselsbrücken – neue Theorien. Es entstand die Evolutionäre Entwicklungsbiologie = Evo-Devo, abgeleitet vom englischen »evolutionary developmental biology«. Hier wird untersucht, wie die Steuerung der Individualentwicklung in der Evolution gewirkt hat. Klingt verwirrend, ist es auch. Denn Evo-Devo ist die Grundidee für eine ganze Reihe zusätzlicher Gedanken, wie sich WAS erklären ließe. Evo-Devo soll beweisen, dass im Spiel der Evolution weit mehr System und weniger Zufall enthalten ist als angenommen. Nach Meinung der Evo-Devo-Forschung kann bereits die embryonale Entwicklung spontane Mutationen und damit etwas Neues heranwachsen lassen, wobei Darwins Selektion (= Auswahl) erst anschließend zu wirken beginnt und die geeignetsten Individuen auswählt. Darwins Idee konzentrierte sich auf das Überleben des Besten (= Survival of the fittest), doch Evo-Devo will die Ankunft des Besten (= Arrival of the fittest) geklärt haben. Wie entstehen die Geeignetsten? Um das zu verstehen, werden neue Gedanken ins evolutionäre System eingebaut, die allesamt sehr wissenschaftlich formuliert sind und doch nur Hilfsmodelle bleiben. Da wird unterstellt, die Evolution unterbinde – stoppe – zu radikale Veränderungen. Woher soll aber die selig machende Evolution im Voraus wissen, was sich in der Zukunft als »zu radikal« herausstellt?

Man erfand zudem die Idee eines »genetischen Werkzeugkastens«, aus dem sich die Evolution bedient. Vergleichbar einem Schalter, der Entwicklungslinien ein- oder ausschalten kann. Klingt alles hochwissenschaftlich, beantwortet aber die ursprünglichen Fragen nicht. Woher soll »die Evolution« wissen, welches Werkzeug sie aus dem »Kasten« nehmen soll? Und wenn es Zufall bleibt, ist »der Kasten« wenig hilfreich.

Die Evo-Devo-Forschung befasst sich auch mit dem sogenannten Gen-Knockout, der An- und Abschaltung bestimmter Gene. Sie hat es fertiggebracht, funktionsfähige Augen in Lebewesen wachsen zu lassen, die von Natur aus gar keine Augen besitzen. Beispielsweise wurden einer Taufliege diejenigen Gene einer Maus eingesetzt, die für das Wachstum eines Auges zuständig sind. Und auf der Taufliege entwickelte sich ein Auge. Wie aber die erste lichtempfindliche Zelle entstand, bleibt der alte Hokuspokus. Evo-Devo befasst sich zusätzlich mit Gensequenzen, die gleich sind und trotzdem in den verschiedenen Lebensformen vorkommen. Gene also, die gleichsam von Art zu Art wandeln. Ganze Gensätze sind mehrfach anzutreffen, obwohl die Tiere untereinander nicht verwandt sind. Wie kommt das?

Unbestritten leisten die Biologen großartige Arbeit. WIE könnte man WAS erklären? Was ergibt einen Sinn? Welche Genkombination verursacht die entscheidenden Veränderungen? Kommunizieren Zellen untereinander? Wenn ja, mit welchen Signalen? Dabei bleibt offen, wie derartige Signale entstanden sind – falls es sie überhaupt gibt. Wie beeinflussen die Umwelt, der Stress oder die Faulheit eine Lebensform? Wie wird die genetische Information an die nächste Generation weitergegeben? Und so weiter, und so fort! Das Thema scheint endlos.

Forschungsresultate werfen neue Fragen auf, und am Ende bleibt nur eine Forderung: der wissenschaftlich eindeutige und jederzeit wiederholbare Beweis.

Im Jahre 2006 erschien das Buch *Der Gotteswahn* von Clinton Richard Dawkins. Der agierte von 1995 bis 2008 als Professor für Evolutionsbiologie an der Universität Oxford, England. Auf den Buchdeckel seiner Originalausgabe ließ er drucken: [72]

»Ich bin ein Gegner der Religion. Sie lehrt uns, damit zufrieden zu sein, dass wir die Welt nicht verstehen.«

Dawkins ist der radikalste Vertreter der Evolution und der wohl wütendste Prophet des Atheismus. Er schreibt mit der Wortgewalt und Eindeutigkeit eines Friedrich Nietzsche. Gott ist für Dawkins so ziemlich das Dümmste, was Menschen sich ausgedacht haben – und die Evolution das Vernünftigste. Nachfolgende Zitate belegen es: [72]

»Gott ist ein rachsüchtiger, blutrünstiger, ethnischer Säuberer, ein frauenfeindlicher, homophober Rassist, ein Kinder- und Völkermörder. Ein Philisterschlächter, ein verderblicher, größenwahnsinniger, sadomasochistischer Tyrann.«

»Es ist absolut vertretbar, zu sagen, wenn Sie jemanden treffen, der behauptet, nicht an die Evolution zu glauben, dass diese Person unwissend, dumm oder verrückt ist.«

»Atheismus ist fast immer ein Zeichen für eine gesunde geistige Unabhängigkeit.«

Aus den ehemaligen Darwinisten, die aus guten Gründen nichts Göttliches anerkennen wollten, nichts Spirituelles zuließen, sind inzwischen Gläubige geworden – Gläubige einer Theorie voller Widersprüche, stur gegenüber allen Einwendungen. Und insbesondere blind. Sie weigern sich, wissenschaftlich blitzsauber belegte Tatsachen überhaupt zur Kenntnis zu nehmen. Irgendetwas Spirituelles ist für diese Gruppe von Wissenschaftlern undenkbar und kann niemals ein Gegenstand der Naturwissenschaften sein. Ein Begriff wie Liebe würde nicht in ihr Denkgehäuse passen. Liebe ist empirisch nicht messbar, also existiert sie nicht – auch wenn wir ihre Wirkung tagtäglich erleben.

Was ist eigentlich dieses »empirisch«, das die Naturwissenschaft verlangt? (Ohne empirisch wäre es keine Naturwissenschaft.) Mit »empirischer Forschung« ist jede Art von Forschung gemeint, bei der die Schlussfolgerungen aus überprüfbaren Beweisen bestehen. »Empirisch« bezieht sich auf diejenigen Daten, die jederzeit im Experiment oder in der Natur wiederholbar oder beobachtbar sind. Die empirische Forschung geht schrittweise voran. Zuerst muss der Zweck der jeweiligen Untersuchung festgelegt werden: Was möchte man herausfinden? Dann wird eine Hypothese aufgestellt, und es werden Experimente durchgeführt. Anschließend werden die Daten analysiert und das Endresultat bekannt gegeben. Wie lässt sich die Evolutionstheorie empirisch beweisen?

Bei ihren Analysen berücksichtigt die Wissenschaft immer auch die Regel von »Ockhams Rasiermesser«. Was ist das? Wilhelm von Ockham (1288–1347) war Theologe, Philosoph und auch Mönch. Er verfasste mehrere Arbeiten über die Logik, die Erkenntnistheorie und sogar über die Metaphysik. [73, 74] Darunter ein Buch mit dem Titel *Das Prinzip der Einfachheit*, wobei heute dieses Prinzip oft auch als »Ockhams Rasiermesser« bezeichnet wird. (Auch Immanuel Kant berief sich darauf.) Ockhams Rasiermesser verlangt, dass eine einfache Erklärung einer komplizierten Erklärung immer vorzuziehen ist. Beispiel: Bei stürmischem Wetter liegt ein umgestürzter Baum auf der Straße. Die einfachste Erklärung besteht darin, anzunehmen, der Wind habe den Baum umgeknickt. Es könnte aber auch ein Meteor, ein Elefant oder ein Geist gewesen sein. Aber Meteore fallen selten, Elefanten gibt es in Europa keine und Geister schon gar nicht. Die Erklärung, der Wind habe den Baum umgeworfen, ist die naheliegendste. Also fallen die komplizierteren Möglichkeiten unter Ockhams Rasiermesser. Grundsätzlich ist die Regel vernünftig, sie führt zur naheliegenden Lösung, kann aber auch zur dümmsten führen. Wie bitte? Die nächstvernünftige Lösung ist immer dem jeweiligen Zeitgeist unterworfen. Wer ein Licht am nächtlichen Himmel beobachtet, das sich bewegt, schließt nach Ockhams Rasiermesser darauf, dass es sich um einen Meteoriten handelt. Es könnte aber auch – im Falle eines moderneren Zeitgeistes – eine künstliche Raumstation sein. Wenn sich ein Bergsteiger krank und schwach fühlt, wird ihm naheliegenderweise eine Medizin verabreicht, die dem Magen guttut – das Blut des Mannes könnte aber auch durch eine radioaktive Strahlung verseucht worden sein, weil er – nichts wissend und nichts ahnend – mehrfach über einer Uranerzader in einer Gebirgshöhle kampierte. Doch Radioaktivität lässt sich erst in unserer Zeit messen. Die nächste Gefahr bei der Anwendung von Ockhams Rasiermesser ist die Blockade künftiger Forschungen. Man hat ja »die Lösung« – weshalb sollte da weiter geforscht werden? Und nicht selten wird die »einfachste Lösung« stur durchgesetzt – auch wenn erkannt wird, dass sie falsch war. Die »einfachste Antwort« wird von politischen oder religiösen Gruppierungen missbraucht. Oft ist nicht alles so einfach, wie man denkt.

Beim empirischen Beweis für die Evolutionslehre beginnt man am Anfang. Schließlich hat alles irgendwo seinen Ursprung, und der Startschuss der Evolution ist das Leben. Hier kann empirisch angesetzt werden. Woher kam das erste Leben? Wie entstand es? Derartige Fragen sind mit den heutigen wissenschaftlichen Methoden empirisch durchaus untersuchbar. Woraus besteht die Zelle? Welche Bauteile enthält sie? Wie entstanden diese Bauteile, wie kamen sie zusammen? Wie wuchs aus den Bauteilen – dem »Werkzeugkasten« – etwas Lebendiges? Etwas, das sich selbstständig vermehrte, immer gigantischer wurde und dabei Informationen von Zelle zu Zelle weiterreichte? Musste die neue Wissenschaft der Gentechnik, die in der Lage war, den Inhalt einer Zelle auseinanderzunehmen und sozusagen ins Innerste der Zelle blicken konnte, nicht in der Lage sein, die empirischen Beweise für die Entstehung des Lebens zu liefern? Aber um das Innenleben einer Zelle auseinandernehmen zu können, muss man zuerst wissen, ob überhaupt etwas dort drin ist. Tatsächlich gelang die erste bahnbrechende Entdeckung dazu dem Biochemiker Phoebus Aaron Theodore Levene (1869–1940) schon im Jahre 1929.

Levene war in Sankt Petersburg, Russland, aufgewachsen und 1883 in die USA ausgewandert. Dort arbeitete er zuerst als Mediziner, später als Biochemiker im Rockefeller-Institut in New York City. Mit den damals vorhandenen Möglichkeiten – dem sogenannten Übermikroskop – studierte er das Innenleben der Zelle und entdeckte die DNS (= Desoxyribonukleinsäure), ein Makromolekül, zusammengesetzt aus den vier Grundbasen Adenin, Guanin, Thymin und Cytosin. Die DNS kommt in allen Zellen vor und ist Träger der Erbinformation. Anfänglich lehnte die Mehrheit der Wissenschaftler diese neu entdeckte

DNS ab. Es dauerte noch einmal 2 Jahrzehnte, bis der Widerstand endgültig gebrochen werden konnte, da die Entwicklung des Elektronenmikroskops Levenes Entdeckung für jedermann sichtbar machte.

20 Jahre später gelang dem Biochemiker Erwin Chargaff (1905–2002) von der Columbia-Universität in New York der Nachweis, dass in der DNS eines jeden Lebewesens die gleichen Mengen von Adenin und Thymin sowie Cytosin und Guanin enthalten waren. Dabei treten zwei dieser Grundbausteine immer paarweise auf. Chargaff war der erste Wissenschaftler, der das molekulare Aussehen des Innenlebens einer Zelle darlegen konnte. Von ihm stammen mehrere Lehrsätze: 1) Die DNS besteht immer aus den vier Grundnukleotiden. 2) DNS-Proben aus unterschiedlichen Geweben eines Individuums sind gleich. 3) Die Zusammensetzung der DNS ist unabhängig vom Alter, vom Ernährungszustand oder vom Lebensraum einer Spezies. – Doch woher kam diese DNS? (An dieser Stelle muss ich wiederholen, was ich schon in einem früheren Buch behandelte [75])

Die DNS ist ein Riesenmolekül (ein Molekül besteht aus Atomen, die aneinanderhaften.) Aufgrund von Chargaffs Arbeiten gelang im Jahre 1953 Francis Crick (1916–2004) und James Watson (geboren 1928) der Beweis, dass die vier Grundbasen der DNS wie eine in sich gedrehte Strickleiter aneinanderkleben, vergleichbar einer Wendeltreppe, die sich um sich selbst gewickelt hat – daher der Begriff Doppelhelix. Man kann sich das Ganze als einen spiralartig gedrehten Reißverschluss vorstellen. Jeder Reißverschluss besitzt Zacken. Sie entsprechen den vier Grundbausteinen Adenin, Guanin, Thymin und Cytosin. Der DNS-Strang (Strickleiter) liegt im Kern jeder Zelle – unabänderlich und ausnahmslos. Obwohl alle Zellen diese DNS enthalten, ist sie nicht in jeder Lebensform gleich angeordnet. Es existieren mikroskopische Unterschiede. Die DNS einer Person mit einem Nierenschaden ist »am Reißverschluss« anders aufgereiht als die einer Person mit nur vier Zehen. Das gilt nicht nur für die Einzelperson, sondern auch für ganze Volksgruppen. Die DNS eines Asiaten unterscheidet sich von der eines Europäers. Zwar bleibt es immer eine menschliche DNS – wir alle sind Brüder und Schwestern –, dennoch sind wir untereinander leicht verschieden. Unbestritten verfügt ein in China geborener Mensch über andere Gesichtszüge als ein nordamerikanischer Indio. Dies aus Gründen eines angeblichen Rassismus leugnen zu wollen, ist vollkommen unwissenschaftlich. Die Grundmerkmale der Menschen in verschiedenen Erdteilen sind bekannt. Menschen bleiben wir alle – ob schwarz, gelb, rot oder weiß –, aber gleich sind wir nicht. Gegen diese wissenschaftliche Tatsache hilft auch kein »Gender«. Heute beherrscht die Wissenschaft der Genetik die Technik, den genetischen Code – die Reihenfolge der vier Grundbasen im DNS-Molekül – abzuändern und buchstäblich andere Lebensformen zu schaffen.

Wie also entstand die erste Zelle? Wie das Innenleben dieser Zelle? Und aus den Antworten auf diese beiden Fragen heraus weiterführend: Entwickelten sich aus der ersten Zelle über Hunderte von Jahrmillionen verschiedene Lebensformen, so wie Darwins Evolutionstheorie es vorsieht? Lässt sich Darwins Lehre mittels der neuen und sehr exakten Wissenschaft der Genetik *empirisch* beweisen?

Zuerst sollte eines klargestellt werden: Die DNS in der Zelle *ist kein Leben*. Es sind nur aneinandergeklebte Moleküle. Diese vermehren sich nicht wie etwa eine Zelle. Sie bestehen aus Tausenden von Atomen. Dabei können sich die unterschiedlichen Chemikalien nicht einfach an einer x-beliebigen Stelle der DNS »anschließen«. Die Riesenmoleküle bilden Formen mit Ausbuchtungen und Zacken. Sie bestehen nicht aus gleichen geometrischen Bildern wie beispielsweise ein Quadrat oder ein Dreieck. X-beliebige Moleküle *können* nicht an andere »andocken«, das ist empirisch bewiesen. Ein Schloss, das aufgeschlossen werden soll, ist ohne den entsprechenden Schlüssel wertlos. Beides muss zusammenpassen. In der DNS passen nur bestimmte Grundbasen in die Reihenfolge. Andere *können* gar nicht andocken. Der Nobelpreisträger Jacques Monod (1910–1976) hatte in seinem Buch *Zufall und Notwendigkeit* [76] postuliert, die Moleküle würden sich im Laufe der Jahrmillionen von selbst aneinanderbinden. Er meinte, die erste Zelle sei durch Zufall plus unabänderliche Spielregeln der Natur entstanden. Zitat:

»Der Mensch weiß endlich, dass er in der teilnahmslosen Unermesslichkeit des Universums allein ist, aus dem er zufällig hervortrat.«

Und Manfred Eigen (1927–2019), ebenso Nobelpreisträger wie Jacques Monod, verteidigte die Meinung, es seien letztlich universale Naturgesetze, die jeden Zufall steuern. [77] Ist mit diesen Aussagen nicht alles klar und gesagt? Wer wagt es, den einflussreichen Geistesgrößen zu widersprechen? Diese verkündeten doch, die erste Zelle sei zwar zufällig entstanden, aber dieser Zufall sei gar keiner, denn dahinter stehe eine unabänderliche Gesetzmäßigkeit (Monod: *Zufall und Notwendigkeit*). Und Gott ist sowieso tot. Die Gesetzmäßigkeit hinter dem Zufall ist zufällig.

Andere Koryphäen wollten es genauer wissen. WIE exakt läuft WAS in einer Zelle ab? Die gut bestückten Forschungsabteilungen großer Hochschulen und Chemiefirmen waren mit den Mikroskopen der Röntgenkristallografie ausgerüstet, und damit kann man tatsächlich die Zusammensetzung von Molekülen bestimmen. Mithilfe des sogenannten Diffraktionsmusters ließ sich die Position jedes einzelnen Atoms im Molekül nachweisen. Selbst die Zusammensetzung winziger Proteine wurde sichtbar. Anschließend wurde die phänomenale Technologie der magnetischen Kernresonanz (NMR = nuclear magnetic resonance) entwickelt, die einen noch tieferen Einblick in das Innenleben der Moleküle erlaubte. Das galt auch für die Zusammensetzung der DNS. Jetzt wurde alles empirisch: jederzeit wiederholbar und kontrollierbar. Und die mikrobiologischen Entdeckungen nervten Darwins Jünger. Rasch zeigte sich, dass jede Zelle imstande ist, Tausende verschiedener Moleküle zu produzieren und in einer Hundertstelsekunde am richtigen Ort einzubauen.

Seit Darwin hatten die Evolutionstheoretiker die Meinung vertreten, das Auge sei aus einem langsamen Entwicklungsprozess entstanden. Irgendwann habe sich eine lichtempfindliche Pigmentzelle gebildet, dann eine Netzhaut, darum herum eine Pupille, damit der Lichteinfall reguliert werden könne, und auch eine Blende, die das Licht bündele. Muskeln seien entstanden, die das Auge schnell bewegen könnten. Das Auge würde farbige Lichtsignale ans Gehirn senden und das Gehirn diese Signale ordnen. Auch Darwin akzeptierte die Kompliziertheit des Vorgangs und half sich damit, indem er postulierte, dass es schließlich auch Tiere mit einfacheren Augen als denjenigen des Menschen geben würde. Damit seien die Vorgänger, also die Entwicklungsgeschichte, des Auges bewiesen. Und getreu dem Grundsatz von Ockhams Rasiermesser reichte diese Erklärung aus – bis zum Einsatz der heutigen Hochleistungsmikroskope. Jetzt zeigte sich hinter dem Auge eine ungeahnte Komplexität. Sobald ein Lichtschimmer auf die Netzhaut trifft, reagiert innerhalb von Mikrosekunden eine ganze Reihe von Molekülen, und die verändern sich blitzartig – die Anordnung ihrer Atome wechselt. Es öffnet sich ein sogenannter

Bild 47

Ionenkanal, der Natrium- und Calciumionen sortiert und nur eine bestimmte Menge von ihnen durchlässt. Genau definierte Proteine werden »an- und ausgeschaltet«, bis über eine Zellmembran vom Sehnerv her ein schwacher Strom ins Gehirn fließt und durch dessen Auswertung Bilder entstehen. Prof. Dr. Michael Behe (auf den ich noch komme) vermerkte zu den Vorgängen im Auge: [78]

»All jene Schritte und Strukturen, die nach Darwins Ansicht so einfach waren, haben mit erstaunlich komplizierten biochemischen Prozessen zu tun, die nicht mit Rhetorik übertüncht werden können.« Und: »Zufall gehört zur Kategorie metaphysischer Spekulationen; wissenschaftliche Erklärungen berufen sich jedoch auf Ursachen.«

Prof. Dr. Chandra Wickramasinghe [Bild 47], Inhaber gleich mehrerer Doktortitel und heute Direktor des Buckingham Center for Astrobiology der Universität Buckingham, England, analysierte bei einem Kongress in der Stadthalle Sindelfingen, Deutschland, vor 3000 Zuhörern die sogenannte chemische Evolution: das Innenleben der Zellen. Überzeugend demonstrierte er, dass Darwins Theorie nicht mehr haltbar ist. [79] Zum selben Resultat kam Dr. Fred Hoyle (1915–2001), viele

Jahre Professor für Astronomie und Astrophysik an der Universität von Cambridge, England. Zitat: [80]

»In vorkopernischer Zeit hielt man die Erde irrtümlicherweise für den geometrischen und physikalischen Mittelpunkt des Universums. Heutzutage sieht eine doch respektable Wissenschaft in der Erde das Zentrum des Universums. Eine fast unglaubliche Wiederholung des früheren Irrtums … Nur wenn das genetische Material zur Entstehung des Lebens von außerhalb unseres Systems kam, kann man die Evolution erklären.« Fred Hoyle veröffentlichte gemeinsam mit seinem Kollegen Chandra Wickramasinghe eine Arbeit, in der sie zu folgender Erkenntnis gelangten: [81]

»Auf der Erde hat es das Stadium der ›Heimarbeit‹ nie gegeben. Das Leben hatte sich schon bis zu einem hohen Informationsgehalt entwickelt, bevor die Erde überhaupt entstand. Als wir das Leben empfingen, waren alle biologischen Grundfragen schon gelöst.«

Das geht so weiter in der Fachliteratur. Auch ehedem eingefleischte Befürworter der Darwin'schen Theorie wie etwa David Horn, Professor für Anthropologie an der Colorado State University, USA, bekennen heute, die chemische Evolution könne nicht auf der Erde stattgefunden haben. [82] Nicht zu vergessen Dr. Bruno Vollmert (1920–2002), immerhin Professor für molekulare Chemie an der Universität Karlsruhe, Deutschland, der am Ende seiner langjährigen Forschungen, ausgerüstet mit den modernsten Mikroskopen der Welt, bekannte: [83]

»Dass die DNS und damit das Leben nicht von selbst entstehen konnte …, wenn andererseits Leben aber unübersehbar da ist, sodass auch DNS-Kettenstücke jederzeit im Laboratorium analysiert und nachgebaut werden können, muss es entweder immer da gewesen sein – was nicht zutrifft – oder es verdankt sein Dasein einer intelligent-zielbewussten Planung … Die

Lehre Darwins von der Entstehung der Arten und des Lebens überhaupt durch Mutation und Selektion war und ist ein großer Irrtum.«

Man sollte meinen, die empirisch erarbeiteten Resultate der Biochemiker und Genetiker würden ein Umdenken in der wissenschaftlichen Gemeinschaft bewirken. Das Gegenteil ist der Fall. Es bilden sich ideologische Lager. Blitzgescheite Gelehrte, alle integer und grundehrlich, die oft sogar dieselben Schulen und Universitäten durchliefen, machen sich gegenseitig lächerlich. Kaum hatte Dr. Thomas Nagel, Professor für Philosophie an der University of California, USA, einige grundlegende Widersprüche der Evolutionstheorie veröffentlicht [84], wurde er von seinen Kollegen der Lächerlichkeit ausgesetzt. Dasselbe geschah mit Dr. Michael Behe, Professor für Biochemie an der Lehigh University in Bethlehem, Pennsylvania, USA. [78] Zu Haeckels, Nietzsches, Marx' und Engels' Zeiten ging es noch darum, Gott loszuwerden, auf die Realitäten zu bauen und das Metaphysische als dummen Glauben zu isolieren. Heute ist es umgekehrt: Die Darwinisten sind zu Gläubigen mutiert – stur ihre Theorie verfechtend. Neue Erkenntnisse interessieren sie nicht. Ockhams Rasiermesser aus dem 14. Jahrhundert genügt, um selig zu sein. Das heutige Stichwort lautet: Ideologie. Die Biochemiker und Genetiker, die an ihren Supermikroskopen die Bauteile der Zelle auseinandernehmen, werden als Kreationisten abqualifiziert, als solche also, die noch an einen Gott glauben. Dabei hat der größte Teil dieser Forscher mit Religion oder auch Gottesglaube überhaupt nichts am Hut. Der anderen Seite, vertreten durch jene, die stur an Darwin festhalten, wird Materialismus vorgeworfen. Die Meinungen sind festgefahren und ähneln zwei erratischen Blöcken in der Landschaft. Die eine Gruppe liest die Publikationen der anderen nicht, weil sie es ohnehin besser weiß. Und jede Gruppe blickt eher mitleidsvoll auf die andere, die »einfach nicht begreifen will«. Es herrscht die Mentalität des »Was-soll-ich-mich-mit-diesem-Unsinn-Befassen?« Seit Darwin hat sich die Einstellung umgepolt. Damals blickte man herablassend auf die Naiven, »die noch an Gott glauben«, heute mitleidig auf die Dummerchen, die Darwin immer noch nicht begriffen haben.

Im Herbst 1996 erschien in den USA der Bestseller *Darwins Black Box* [78] von Michael J. Behe. Behe, geboren 1952, ist Doktor und Professor für Biochemie an der Lehigh University in Bethlehem, Pennsylvania, USA. Seine wissenschaftliche Laufbahn hatte er an der Drexel University in Philadelphia, USA, mit einem Bachelor of Science begonnen. Darauf folgten 4 Forschungsjahre in Biochemie an der University of Pennsylvania, anschließend weitere 4 Jahre Forschung über die Struktur der DNS am National Institute of Health in Bethesda, Maryland, USA. Daraufhin wurde er zum Assistenzprofessor für Chemie am Queens College in New York City berufen und erhielt 1985 seine Professur für Biochemie an der Lehigh University. Behe ist im Sinne des Wortes ein tiefgründiger Kenner der Zelle. Kaum einer führte derart viele Experimente und Untersuchungen über das Innenleben der Zelle durch wie Behe. In seinem 500-Seiten-Buch vertritt er die eindeutige Meinung: Die Zelle ist das Produkt irgendeiner Planung. Zitat:

»Es gibt keine Veröffentlichung in der wissenschaftlichen Literatur – in Journalen, fachgebietsbezogenen Zeitschriften oder Büchern –, worin beschrieben wird, wie die molekulare Evolution irgendeines realen, komplexen biochemischen Systems vonstattenging. Es gibt Behauptungen, dass eine solche Evolution stattfand, aber keine einzige davon wird durch einschlägige Experimente gestützt … Man kann wirklich sagen, dass die Behauptung von der darwinistischen molekularen Evolution haltloses Geschwätz ist … Warum gilt der Darwinismus bei vielen

Biochemikern trotzdem als glaubwürdig? Die Antwort muss man in der Tatsache suchen, dass man den Studenten in ihrem Biologiestudium vermittelt hat, dass der Darwinismus den Tatsachen entspricht.«

Professor Behe wurde von seinen Kollegen »in der Luft zerrissen«. Man disqualifizierte seine gründliche Forschung als Pseudowissenschaft. Ihm selbst wurde unwissenschaftliches Vorgehen vorgeworfen und selbstverständlich unterstellt, er sei ein Kreationist. [85] Wen wundert's, dass auch der wortgewaltige Richard Dawkins in seinem Buch *Der Gotteswahn* [72] wild und unsachlich auf seinen Kollegen Behe einhämmerte. Was Behe vorgelegt hatte, *durfte* den Studenten nicht beigebracht werden. Die Darwinisten mussten befürchten, ihren Glauben zu verlieren. (Am Rande: Michael Behe ist ein ganz gewöhnlicher Katholik und hat mit Kreationismus überhaupt nichts zu tun.) Anhand eines Beispiels möchte ich seine Arbeit vorstellen.

Behe fragt, was geschehen würde, wenn irgendein Behälter mit irgendeiner Flüssigkeit undicht würde. Antwort: Die Flüssigkeit tritt aus. Je nach Art der Flüssigkeit kann sie schneller oder langsamer auslaufen. Was passiert aber, wenn ein Mensch sich verletzt und er zu bluten beginnt? Er blutet nur eine kurze Zeit, dann wird das Blut dicker, ein Pfropfen blockiert das weitere Auslaufen des Blutes. Die Wunde heilt zu. Behe:

»Die Blutgerinnung ist ein hochkomplexes, kompliziert vernetztes System, bei dem eine Vielzahl von in Wechselwirkungen stehenden Proteinkomponenten beteiligt ist. Fehlt eine dieser Komponenten, funktioniert das System nicht.«

Behe weist darauf hin, dass sich eine Wunde schnell schließen muss, sonst verblutet der Mensch. Diese »Stilllegung« des Blutens darf sich aber nur auf die Wunde selbst konzentrieren – das kann ein kleiner Stich oder ein größerer Schnitt sein. Würde das Blut im ganzen Körper oder zusätzlich an anderen Stellen gerinnen, könnte dies zum Zusammenbruch des Körpers durch einen Herzinfarkt führen. Auf den Seiten 128 bis 142 seines Buches analysiert Behe das unglaublich verwirrende System von verschiedenen Molekülen, die zur Blutgerinnung nur an der verwundeten Stelle führen, während der Hauptteil des Blutes weiter im Körper zirkuliert. Und bei jeder Entstehung einer Wunde bilden sich im Körper ganze Armeen von Antikörpern, die das Eindringen von Bakterien oder gar Viren verhindern. Es gibt Tausende dieser Antikörper, die allesamt inaktiv bleiben, bis plötzlich eine fremde Bakterie in den Blutkreislauf eindringt, darunter fest haftende Antikörper, Botenproteine und bewegliche Antikörper. Zudem funktioniert das alles auch in einem *zeitlichen* Rahmen. Keine der Komponenten kann im falschen Moment, etwa *vor* der anderen, eingreifen. Behe hält fest, dass eine Zelle ein derartiges System nicht schrittweise »nach Darwin« entwickeln konnte. Alles musste gleichzeitig, wie die Teile eines Motors, funktionieren. Zitat:

»Niemand an der Harvard University, niemand an den National Institutes of Health, kein Mitglied der National Academy of Sciences, kein Nobelpreisträger – überhaupt niemand kann eine detaillierte Darstellung darüber geben, wie sich das Cilium, der Sehvorgang, die Blutgerinnung oder irgendein anderer komplexer biochemischer Prozess im Sinne des Darwinismus entwickelt haben könnte … Die Darwin'sche Theorie ist außerstande, die molekulare Basis des Lebens zu erklären.«

Selbstverständlich kennt Behe die gesamte Literatur inklusive der Lehrbücher seiner Fachkollegen, die sich mit ähnlichen Themen herumgeschlagen haben. Die Kritiken in Bezug auf seine Arbeit sind ihm vertraut, und er hat sie ausnahmslos – auch in hochwissenschaftlichen Fachorganen – beantwortet. Das änderte nichts an den Angriffen gegen ihn. Weshalb nur?

Professor Behe beging die Sünde aller Sünden: Er vertritt die Position des Intelligent Design (ID). Was ist das? Unter Intelligent Design wird eine intelligente Planung vermutet. Irgendwer oder irgendetwas – ein Geist des Universums? Außerirdische? – steckt hinter dieser Planung. Schon der Gedanke daran gilt in der dogmatischen Welt als unwissenschaftlich. Positive Publikationen darüber sind die Todsünde: Da war man in einem Jahrhunderte währenden Denkprozess, angefangen mit Francis Bacon, Immanuel Kant und Arthur Schopenhauer über Ernst Haeckel, Karl Marx und Wladimir Iljitsch Lenin bis hin zu Friedrich Nietzsche endlich diesen verhassten »Gott« losgeworden – und jetzt tauchten neue Typen auf und quasselten von Intelligent Design. Fürchterlich! Auf den Scheiterhaufen mit ihnen! Gott war doch tot – es durfte nichts Spirituelles dort draußen geben, auch keine Außerirdischen, die die DNS geplant hatten. Der Biologe Reinhard Junker drückte es so aus: [86]

»Ein grundlegendes Problem für den Design-Ansatz besteht darin, dass die Aktionen eines Urhebers und seine Identität prinzipiell naturwissenschaftlich nicht fassbar sind und seine Vorgehensweise naturwissenschaftlich nicht beschreibbar ist.«

Das klingt sachlich – und stimmt nicht. Inzwischen *gibt* es die naturwissenschaftlichen Beweise längst, aber sie werden ignoriert. Es existieren nun einmal Schädel von Außerirdischen auf unserer guten alten Erde, empirisch beweisbar – ich berichtete in einem früheren Buch darüber. [87] Genauso wie Menschen unter uns leben, die ein außerirdisches Implantat tragen. Auch darüber gibt es Veröffentlichungen mit empirischen Beweisen (Fotos). [88, 89, 90] Wer es wissen will, *kennt* heute die selbst von der U.S. Navy anerkannten UFO-Filme. (Ich berichtete in meinem Buch *Botschaften aus dem Jahr 2118* ab Seite 29 darüber. [10]) Doch die dogmatischen Gralshüter von vorgestern wollen nichts davon zur Kenntnis nehmen. Ihre bisherige

Welt soll in Ordnung bleiben. Wie begründet Professor Behe seinen Sinneswandel hin zu Intelligent Design? [78]

»Das Ergebnis dieser systematischen Anstrengungen zur Erforschung der Zelle – der Beschäftigung mit dem Leben auf molekularer Ebene – besteht darin, dass Design unmissverständlich bezeugt ist. Das Ergebnis ist so eindeutig und so bedeutsam, dass die entsprechenden Bemühungen zu den größten Leistungen in der Wissenschaftsgeschichte gerechnet werden müssen … Das Leben wurde von einem intelligenten Wesen geplant.«

Der bereits erwähnte Richard Dawkins, einer der Gralshüter der bisherigen Lehre, der alle diejenigen, die nicht an Darwin glauben, als dumm abqualifiziert, verbietet den Gedanken an ein Intelligent Design (ID) kategorisch. [72] Der Zutritt in die Wissenschaft sei verboten. ID gehöre nicht in den Biologie- oder Physikunterricht: »Wir dürfen niemals der Versuchung unterliegen, in diesen Werken wissenschaftliche Abhandlungen zu sehen.« Nichts gegen andere Meinungen – aber Herrn Dawkins fehlen die aktuellen Informationen.

Schon vor 250 Jahren hatte sich der Geistliche William Paley (1743–1805) dieselben Fragen hinsichtlich einer Schöpfung gestellt wie die heutigen Forscher zum Thema Intelligent Design. [91] Paley meinte, man solle sich einen Menschen vorstellen, der noch nie im Leben eine Uhr gesehen oder von einer Uhr gehört habe – und jetzt plötzlich so ein Ding auf einer Wiese finde. Der staunende Mensch würde sein Fundobjekt nach Hause bringen. Man würde es bewundern und vorsichtig aufbrechen. Darin kämen kleine Rädchen zum Vorschein, eine Feder, ein Aufzugsmechanismus, zwei sich drehende Zeiger etc. Die Gesellschaft seiner Zeit würde zu dem Schluss gelangen, irgendwo auf der Welt müssten Wesen leben, die dieses Wunderwerk hergestellt hätten. Niemand würde auf den abstrusen Gedanken kommen, der komplizierte Gegenstand sei von selbst entstanden. Hinter der Uhr steckt Planung und hinter der Planung Verstand. Wir aber tun ununterbrochen so, als sei alles »natürlich« entstanden. Wir suchen und finden die dümmsten Ausreden, um eine Planung hinter der Schöpfung auszuschließen. Wenn wir einen Kranich sehen, wird behauptet, »die Natur« habe ihn mit Stelzenbeinen versehen, *weil* er nicht schwimmen könne. »Die Natur« habe ihm einen langen Schnabel verpasst, *weil* er im Wasser nach Nahrung suchen müsse. Das geht tausendfach so weiter. In der modernen Evolutionslehre wimmelt es von unsinnigen Weils, allesamt erfunden, um die Theorie abnicken zu können. Um nicht weiter denken zu müssen. Dauernd wird unterstellt, die ominöse »Natur« habe dieses oder jenes gewollt, *weil* eine Lebensform es benötigte. Die allwissende »Evolution« verpasste dem Krokodil einen Panzer, *weil* es in seinem Umfeld einen brauchte. Als ob bei dieser perversen Logik alle anderen Tiere in derselben Umwelt nicht auch dieselben Bedürfnisse gehabt hätten. Ein Landtier steigt ins Wasser und mutiert zum Wal – bei diesem wachsen jetzt Nasenlöcher am Oberteil des Kopfes, *weil* das im Wasser praktischer sei. Derselbe Wal gebiert seine Jungen unter Wasser und muss sie also gleich zum Atmen an die Oberfläche bugsieren, sonst würden sie ertrinken. Warum hat die himmelschreiende »Natur« nicht auch dafür gesorgt, dass die Tiere unter Wasser atmen können, *weil* es immerhin um das Wichtigste, das Überleben, ging? Fledermäuse entwickelten ein unfassbares Ortungssystem, *weil* sie es in der Dunkelheit brauchen. Aber andere Tiere leben ebenfalls im Dunkeln – ohne das Ortungssystem der Fledermäuse. Chamäleons wechseln blitzartig ihr Aussehen, *weil* dies zum Überleben notwendig ist. Wie wär's mit farbenwechselnden Mäusen? Die müssen in derselben Umwelt auch überleben. Die unterschiedlichen Schlangengifte entwickelten sich, *weil* andere Schlangen andere Tiere fressen. Oh heilige Einfalt! Eine Spinne webt Riesenfäden von bis zu 25 Metern Länge, und die allglückselige »Natur« sorgt dafür, dass diese Fäden aus dem härtesten Biomaterial bestehen – *weil* die Fäden sonst zerreißen. Darauf muss man erst einmal kommen. Die Nesselzellen der Seewespe explodieren bei der Berührung mit einem Feind regelrecht, *weil* das Tier sich auf diese Weise die Fressfeinde vom Leib hält. Als ob dies andere Meeresbewohner nicht auch betrifft. Bestimmte Arten wechseln ihr Geschlecht vom Männchen zum Weibchen und wieder zurück, *weil* es dieses Spiel zur Entstehung der Jungen braucht. Wie bitte? Schon einmal länger darüber nachgedacht? Wir verwechseln Ursache und Wirkung. Wir wollen nicht zur Kenntnis nehmen, dass außerhalb unserer Sinneswelt etwas existiert, das wir noch nicht entdeckt haben. Im Grunde reiner Chauvinismus. Ursprünglich meinte man mit dem Wort Chauvinist einen übertrieben agierenden Nationalisten. Ich bin der Größte! Ich schlage alle! Die heutigen Darwinisten, die Gott ohnehin abgeschafft haben, dulden auch kein Intelligent Design. Dahinter müsste sich schließlich etwas verbergen, das tiefgründiger ist als sie selbst. In der Tiefenpsychologie nennt man das Verdrängung. Professor Behe kommentiert: [78]

»Viele Leute, einschließlich zahlreicher bedeutender und hochgeachteter Wissenschaftler, *wollen* einfach nicht, dass es etwas jenseits der Natur gibt. Sie *wollen* nicht, dass ein übernatürliches Wesen die Natur beeinflusst.«

Und diese Sorte von Chauvinisten schreibt den anderen vor, was wissenschaftliches Denken sei und was niemals dazugehören dürfe. Die Behauptung, Intelligent Design sei unwissenschaftlich, weil der Designer dahinter nicht fassbar sei, ist Unsinn und existiert nur in den Köpfen derjenigen, die die modernen empirischen Daten dazu nicht ansehen wollen. Der Zeitgeist ist nicht mehr derjenige wie vor 20 Jahren. Heute *wissen* wir, dass dort draußen Trillionen von Planeten existieren.

Wir *wissen*, dass Milliarden darunter erdähnlich sind. Wir *wissen*, dass außerirdische Lebensformen existieren, uns in der Vergangenheit besuchten und uns immer wieder beobachten. Wir *wissen*, dass die riesigen Distanzen im Universum überbrückbar sind. Wir *wissen*, dass es neben den unzähligen Lebensformen im Universum auch menschenähnliche gibt. Zumindest wer es wissen will, weiß es. Bei diesem Gegenwartswissen ist es unehrlich, Intelligent Design nicht in die Wissenschaft aufzunehmen, *weil* man den/die Designer empirisch nicht festhalten könne. Vergleichbar dem Beispiel von der gefundenen Uhr in William Paleys Geschichte: *Weil* das Uhrwerk eindeutig künstlich ist, geplant und hergestellt werden musste, darf man daraus nicht auf einen intelligenten Planer schließen. Gütiger Himmel, hilf!

Wie – um alles in der Welt – soll man sich nun aber ein Intelligent Design vorstellen? Wer sind diese Designer? Was könnten ihre Motive sein? Wie sind sie vorgegangen? In meinen früheren Büchern baute ich immer wieder Gedankenbrücken ein, um diesen Antworten näherzukommen. Jetzt möchte ich eine Art von Gemälde präsentieren – ohne jeden Anspruch auf Richtigkeit, aber mit der Bitte: Denken Sie mal darüber nach!

Man stelle sich vor, irgendwo dort draußen in den Weiten des Weltraums würde ein erdähnlicher Planet existieren, mit Wesen wie wir. Allerdings wären uns jene Fremden in ihrer Technologie um 100 Jahre voraus. Zudem haben sie es fertiggebracht, ihr Leben zu verlängern. Jeder von ihnen schafft gut und gerne 400 Lebensjahre. Deshalb nenne ich sie »die Uralten«. Genauso wie wir durchlebten sie ihre Evolution, lernten, die Verwandtschaften der Arten zu katalogisieren, und entwickelten phänomenale Technologien. Nur in einem Punkt kamen sie nicht weiter: Wie war das Leben auf ihren Planeten gelangt? Sie entwickelten Hochleistungsmikroskope, untersuchten das Innenleben der Zelle und standen vor demselben Fragenkatalog wie wir Menschen. Woher stammte das Programm in der DNS? Nach Jahrzehnten tiefgründiger Debatten hatte sich die Wissenschaftselite endlich darauf geeinigt, dass der Ursprung des Lebens im Weltall zu finden sein müsse. Diese Erkenntnis teilten sie aber ihren Bürgern nicht mit, denn wie auf der Erde herrschten auch über ihren Planeten mehrere große Religionen. Und der Gedanke an eine intelligente, außerirdische Spezies war mit der religiösen Rechthaberei nicht vereinbar.

Der intellektuellen Elite auf dem Planeten der Uralten war klar, nachdem das Leben von außen gekommen war, könnten jene unbekannten Fremden eines Tages wieder aufkreuzen. Würden sie die Bevölkerung des Planeten der Uralten ausrotten? Ausbeuten? Versklaven? Wie sollte man sich auf eine derartige Eventualität vorbereiten?

Die Uralten entwickelten Riesenteleskope und horchten nach Signalen aus dem Weltall. Sie schickten Satelliten auf ihre Nachbarplaneten und suchten nach den Ursprüngen, den Aminosäuren. Tatsächlich fanden sie derartige Lebensbausteine, doch entdeckten sie auch Bakterien, und – was noch mehr verblüffte – auf einigen Planeten stießen sie auf Spuren von ehemaligen Bauwerken. Damit war bewiesen: Irgendwann mussten Fremde dort gewirkt haben, denn die Uralten selbst hatten jene Planeten noch nie angeflogen – also mussten die Bauwerke gezwungenermaßen von irgendwem dort draußen stammen.

Eines Tages geschah das Unfassbare: Plötzlich registrierten die Teleskope auf dem Planeten der Uralten zwei kleine Objekte, die auf ihren Planeten zuflogen. Reflexartig nahmen die Astronomen an, es handle sich um Splitter von Meteoriten. Doch die Objekte vollführten künstliche Manöver – sie waren intelligent gesteuert. Die Überraschung war riesig, und die Aufregung innerhalb der astronomischen Gemeinschaft führte zu

Unruhen. Was war zu tun? Die Objekte mit Raketen abschießen? Die Uralten entschlossen sich, einen Satelliten auf die Bahn der fremden Objekte zu schicken, um Nahaufnahmen zu bekommen. Gleichzeitig versuchten sie, jene fremden Körper am Firmament anzufunken, mit Laserlicht und Funkwellen auf sämtlichen Frequenzen. Eines Nachmittags begannen die Bildschirme im Kontrollzentrum zu flimmern, und es formte sich ein blasses, schmales Gesicht mit riesigen Augen, einer dünnen Nase und einem kleinen Mund. Der Fremde schien zu lächeln, obwohl sein Mund eindeutig zahnlos war. Dann vernahmen die Uralten eine Stimme, und sie wagten kaum zu atmen. Der Alien redete in ihrer Sprache. Er sagte: »Seid gegrüßt – Brüder« und wiederholte die Worte mehrmals.

Kein Wissenschaftler auf dem Planeten der Uralten hatte je mit einer derartigen Kommunikation gerechnet. Wie Hühner redeten sie durcheinander, bis ihnen endlich dämmerte, eine Kamera und ein Mikrofon zu installieren und auf derselben Wellenlänge zu antworten. Einer der Uralten wurde zum Sprecher gewählt, und der lächelte in die Kamera, nickte einige Male wie ein dressierter Junge und sagte brav: »Gegrüßt seid ihr – Brüder.« Man hatte sich auf das Wort Brüder geeinigt, weil die Fremden es verwendet hatten. Als Nächstes wünschten die Uralten zu wissen, weshalb »die Brüder« ihre Sprache beherrschten. Der zahnlose Fremde erwiderte: »Wir lernten eure Sprache aus euren elektronischen Medien. Ihr habt es uns leicht gemacht, eine Kommunikation zu ermöglichen.«

Es kam ein kurzer Dialog zustande, von dem die Bewohner des Planeten der Uralten nichts erfuhren. Eine überwältigende Mehrheit im Gremium der Uralten vertrat die Meinung, ihre Bevölkerung sei auf eine derartige Begegnung nicht vorbereitet. Es könnten planetenweite Unruhen ausbrechen. Die Fremden dort draußen kommunizierten wenig, luden aber eine Gruppe von 18 Uralten in ihr Raumschiff ein. Also wurde eine Delegation zusammengestellt. Sie bestand aus je drei Astronomen und Astrophysikern, zwei Biologen, drei hochrangigen Theologen der großen Religionen, zwei Philosophen, zwei Diplomaten, zwei Sekretären für die Protokolle und einem Schriftsteller. Als Startplatz wurde ein kleiner Flughafen am Rande einer Wüste vereinbart. Die Bevölkerung sollte nichts mitbekommen.

Nach nur 40 Minuten Flug dockte das kleine Raumschiff an einem gigantischen kreisrunden »Ding« an: dem Mutterraumschiff der Aliens. Gemächlich drehte es sich auf der Rückseite des Mondes um die eigene Achse. Der erste Anblick war für die Uralten ein regelrechter Schock. Das Mutterraumschiff musste einen Durchmesser von gut 4 Kilometern aufweisen – bisher unvorstellbar für die Uralten. »Die Brüder« hatten für Räume mit der richtigen Atmosphäre gesorgt, und es begannen wochenlange, intensive Gespräche. Abend für Abend brachten »die Brüder« ihre 18 Besucher wieder auf ihren Planeten zurück, und sie hatten auch nichts einzuwenden, wenn die Uralten die Mitglieder ihrer Delegation austauschten.

Die Uralten lernten von den »Brüdern«, das Universum sei unendlich und ewig. In Raum und Zeit würden ganze Galaxien zusammenkrachen, verschmelzen, neue Urknalle würden explodieren und andere Galaxien geboren. Sie selbst verglichen das Universum mit einer endlosen Kugel – und die habe weder Anfang noch Ende. Die Frage nach dem Ursprung sei nicht zu beantworten. Sie wüssten nicht, wie oder gar wann das Universum begonnen habe. Dahinter liege etwas, das sie den »Geist der Schöpfung« nennen.

Stets hatten die Wissenschaftler der Uralten die Meinung vertreten, irgendwelche Aliens müssten völlig andere Körperstrukturen besitzen als sie selbst. Schließlich entwickelt die Evolution auf anderen Planeten unterschiedliche Lebensformen. Weshalb sahen »die Brüder« ähnlich aus wie die Uralten?

»Die Brüder« erwiesen sich als geduldige und sehr entgegenkommende Lehrer. Das sei korrekt – antworteten sie –, doch jede Spezies würde ihre eigene Art im Universum ausbreiten. Nun seien aber die Distanzen zwischen den Sternen derart gigantisch, dass eine Ausbreitung mit Raumschiffen nicht machbar sei. Deshalb würden Sektoren einer Galaxie mit den eigenen Lebensbausteinen infiziert. Ihr Raumschiff habe Trilliarden von DNS-Molekülen im Weltall ausgesetzt. DNS-Moleküle seien gegen das Vakuum und die Weltraumkälte resistent.

Bis dahin konnten die Uralten folgen. Doch was dann? Woher sollten die DNS-Moleküle wissen, welcher Planet für sie geeignet sei? »Die Brüder« dozierten sachlich und demonstrierten ihre Worte in farbigen 3-D-Bildern.

Die Zahl der Sonnen und Planeten im Universum sei unendlich, lernten die Uralten. Darunter wimmle es auch von Planeten derselben Art wie dem ihrigen. Der größte Teil der abgeblasenen Moleküle gerate in den Anziehungsbereich einer Sonne und verdampfe. Andere würden in die Gravitation von völlig ungeeigneten Welten, etwa von zu heißen oder zu kalten, von Gasriesen oder Mikromonden, geraten. Das alles sei unbedeutend. Nur ein Bruchteil der ursprünglichen Moleküle lande auf einem geeigneten Planeten. Und dort beginne die Evolution. »Wie ihr das bei euch und wir bei uns nachgewiesen haben.«

Also – erkundigte sich einer aus der Delegation der Uralten – existieren dort draußen auch total andere Lebensformen, als wir es sind?

»Selbstverständlich. Das hängt von der jeweiligen Welt ab. Es gibt Arten mit zwei Köpfen und sechs Tentakeln, aber sie könnten auf eurem Planeten nicht überleben. Sie atmen Ammoniak.

Andere bewegen sich mit Saugnäpfen und einem Rückstoßprinzip. Auch sie könnten auf diesem Planeten nicht existieren. Ihre Umwelt ist zu heiß. Jede Spezies, die irgendwann Raumfahrt betreibt, sucht Zielorte, an denen sie wirken kann. Oder möchtet ihr Uralten auf einem Riesenplaneten landen? Die gigantischen Anziehungskräfte würden euch zu Brei zerquetschen, und die Atmosphäre wäre hochgiftig. Also sucht ihr verwandte Welten. Ihr wollt überleben. Das Prinzip gilt im gesamten Universum.«

»Wir SIND«, meinte einer der Philosophen mit einem tiefsinnigen Seufzer, »und ihr SEID. Wozu gibt es Leben im Universum?«

Der Dozent der »Brüder« streckte seine beiden Ärmchen nach vorn und ließ diese kreisen. Aus dem Nichts entstanden holografische Sonnensysteme. Die Augen der Uralten vermochten kaum zu folgen. Der ganze Konferenzraum schien aus Sonnen und sich bewegenden Planeten zu bestehen. Die Stimme des Dozenten, obwohl etwas höher als diejenige der Uralten, vibrierte:

»Der Geist der Schöpfung will Ausbreitung. Das gesamte Universum soll kommunizieren. Die Intelligenz soll durch alle Dimensionen und Zeiten dringen. Der Zweck von uns allen besteht darin, die Materie mit der Schwingung der Intelligenz zu besiedeln. Dies läuft über die Kraft der Neugierde. Sie ist der Impulsgeber der Ausbreitung. Deshalb sorgte der ›Geist der Schöpfung‹ für das erste Leben. Auf einem evolutionären Weg würden die verschiedensten Lebensformen entstehen. Darunter solche mit Neugierde. Jede Neugierde stellt Fragen, sie will mehr und mehr und noch mehr wissen. Was ist dort draußen? Wie sind wir entstanden? Weshalb das Ganze? Wo liegt der Ursprung? Jedes Leben soll die eigenen Erfahrungen sammeln, Informationen austauschen und sich ausbreiten. Endlos – bis das gesamte Universum mit Intelligenz erfüllt ist. Wir nehmen an, dass wir den ›Geist der Schöpfung‹ erst dann verstehen werden. Dies wird der Tag der Erkenntnis sein. Nun aber ist die Zahl der Planeten, die intelligentes Leben tragen könnten, endlos. Es wäre für eine einzelne Spezies unmöglich, sie alle mit Raumschiffen anzufliegen. Also wird eine möglichst hohe Anzahl von Kulturen benötigt, die ebenfalls Raumfahrt betreiben. In eurer Sprache, Brüder, gibt es das Wort Schneeballsystem. Die Intelligenz im gesamten Universum soll sich wie ein Schneeballsystem multiplizieren. Wir werden euch unterstützen.«

Es herrschte Schweigen. Während die holografischen Sonnensysteme im Konferenzraum sachte erloschen, tuschelte einer der Astronomen zum Philosophen hinüber: »Unheimlich – in unseren uralten Überlieferungen ist nachzulesen, die Götter hätten uns nach ihrem Ebenbilde geschaffen. Jetzt verstehe ich es.« Der Astronom hob den Kopf und wandte sich an den Dozenten der Aliens: »Und wie entstanden die unterschiedlichen Tierarten auf unserem Planeten?«

Die Antwort kam prompt: »Innerhalb der Arten geschieht dies durch die evolutionären Prozesse, die euch bekannt sind, außerhalb der Arten durch die Informationen anderer Wesen. Wir sind nicht die einzige Spezies, die DNS im Universum ausbreitet. Zudem werden neue Arten geschaffen, um ihre Anpassung, ihre Überlebenschancen für ferne Planeten zu testen – vergleichsweise einem Labor. Und lernt: Eure Welt war nie geschlossen. Dies gilt im gesamten Universum. Kein Planet innerhalb einer Ökosphäre ist ein geschlossenes System. Alle Planeten sind nach außen hin offen.«

Die tiefgründigen Informationen der »Brüder« erschütterten das weltanschauliche Bild der Uralten. Es dauerte nur noch kurze Zeit, bis die Führer der Religionen eine Vereinigung beschlossen. Nicht mehr Rechthaberei sollte die Bevölkerung trennen, sondern die gemeinsame Ehrfurcht vor dem »Geist der Schöpfung« sollte sie einen. In kleinen Schüben wurde der Vorhang der Unmündigkeit gehoben. Und in wenigen Jahren wird das erste Raumschiff vom Planeten der Uralten starten. Sie sind jetzt Teil des universellen Schneeballsystems.

Eine erfundene Story. Weiter nichts. – Weiter nichts? Irgendwo schwingt ein religiöser Hauch durch die Geschichte. Ich begann mich zu fragen, wie eigentlich eine große Gemeinschaft wie der Buddhismus über die Evolution denkt. So bat ich den japanischen Zen-Meister Prof. Dr. Ryofu Pussel um eine Antwort.

BUDDHISMUS UND EVOLUTION
Von Prof. Dr. Ryofu Pussel

Der historische Gründer des Buddhismus wird ›der Buddha‹ genannt, aber dies ist ein Ehrenname, der ihm später gegeben wurde: Er bedeutet der Erleuchtete. Sein ursprünglicher Name war Siddhārtha Gautama. Er wurde 566 oder 563 v. Chr. – allgemein wird der 8. April als Geburtstag angenommen – als Sohn eines Fürsten der Stadt Kapilavastu (im heutigen Nepal) geboren, also etwa 500 Jahre vor Jesus. Laut der Legende konnte Māyā (das war der Name der leiblichen Mutter des Buddha) für 20 Jahre keine Kinder aus ihrer Ehe mit dem Fürsten Shuddhodana empfangen. Eines Nachts aber drang ein heiliger weißer Elefant in ihre rechte Seite ein. Sie wurde schwanger. Ihr Gatte war hocherfreut. Zum Ende ihrer Schwangerschaft reiste sie zu ihrem Elternhaus, um zu entbinden, gebar aber auf dem Wege dorthin. Ihr Baby Siddhārtha konnte bereits unmittelbar nach seiner Geburt aufrecht gehen und sprechen. Seine Mutter soll in den Tuṣita-Himmel aufgestiegen sein. Später heiratete Buddha, verließ aber sein fürstliches Le-

ben mit 29, um Asket zu werden. Nachdem er durch seine stetige Praxis in seinem 30. Lebensjahr erleuchtet wurde, nannte man ihn fortan Buddha – der Erleuchtete. In diesem Zusammenhang ist nicht unwichtig, dass er nach seiner Erleuchtung seine Mutter Māyā 3 Monate lang im Tuṣita-Himmel besuchte. Der Tuṣita-Himmel ist eine göttliche Welt. In ihr hält sich neben anderen Gottheiten auch der Buddha Maitreya auf. Das ist jener Buddha der Zukunft und Weltlehrer – er soll in 5670000000 Jahren nach dem historischen Buddha wieder auf die Erde zurückkehren, um uns zu unterrichten. [1] Im Tuṣita-Himmel herrschen andere Zeiten: Ein Tuṣita-Tag und eine -Nacht entsprechen 400 Erdjahren, ein Tuṣita-Monat 12000 Erdjahren, und ein Tuṣita-Jahr 144000 Erdjahren; die Lebensspanne eines Tuṣita-Wesens beträgt durchschnittlich 576000000 Erdenjahre.

*Was lehrt der Buddha zum Thema Evolution? Er verkündete bereits vor 2500 Jahren die Theorie vom »Big Bang«, Jahrtausende, bevor derselbe Gedanke von westlichen Astronomen aufgegriffen wurde. Im Buddhismus kommt »… nach Ablauf langer Zeiträume endlich eine Zeit, wo diese Welt vergeht. … dann kommt nach Ablauf weiterer langer Zeiträume irgendwann einmal die Zeit, wo diese Welt sich aufs Neue entfaltet.« (*Das Buch der langen Texte des Buddhistischen Kanons, *Abschnitt »Die Lehrrede vom Wissen der Vorzeit«, in* Aggañña Sutta *im Werk* Dīgha Nikāya*: Section DN 27 DN iii 80; Übersetzer: Dr. R. Otto Franke). [2] Und im* Aṅguttara-Nikāya-*Text führt der Buddha die Maßeinheit »Eon« ein; ein Eon entspricht der Zeitspanne, die es zum Kommen und Vergehen eines Weltensystems benötigt. Weiter: Unser Universum besteht aus endlosen Weltsystemen, die im Weltall harmonisch zerstreut sind. Darin gibt es sowohl einzelne Planeten, aber auch solche, die zu Tausenden eine Gruppe bilden; auch existieren »supergalaktische« Gruppierungen von Galaxien. Innerhalb dieses schier endlosen Universums gibt es andere be-*

wohnte Welten und Systeme, in welchen Wesen durch Leben- und Todeszyklen gehen. Buddha erklärte weiter, dass genau so, wie Menschen und andere Lebewesen durch den Zyklus von Geburt und Tod gehen, dies auch diese Weltensysteme (Galaxien) betrifft. Jede dieser galaktischen Evolutionszyklen beträgt ein solches Eon. Ein Eon ist die Zeit, die man benötigen würde, um einen 11 Kilometer hohen Berg aus reinem Granit abzutragen, und dies mit einem Tuch feinsten Garnes, das den Berg lediglich einmal in 100 Jahren streift. [3] Prof. Gethin von der University Bristol stellte eine Tabelle der buddhistischen Kosmologie, basierend auf den Aussagen des Buddha, zusammen. Darin gibt es in den untersten zwei Welten die Tiere und Menschen. Darüber sechs Welten der unteren Götter (evolutionäre Zyklen bis zu 128 000 »göttlichen« Jahren), dann folgen drei Welten der höheren Götter (evolutionärer Zyklus bis zu 1 Eon), die Welten der reinen Form und der formlosen Form mit evolutionären Zyklen bis zu 84 000 Eon. [4] Buddha erklärt, dass diese enormen Zeiträume auf der Reise selbst als kurz wahrgenommen werden. Da fragt man sich, ob Zeitverschiebungseffekte bei Reisen mit extrem hoher Geschwindigkeit gemeint sind, wie sie Albert Einstein postulierte. Zum Beispiel entsprechen 50 Menschenjahre einem »göttlichen« Tag, und 9 Millionen Menschenjahre sind sogar 500 »göttliche« Jahre. [3]

Für Darwin entwickelte sich der Homo sapiens aus der Evolution, im Buddhismus wird der Mensch als Abstammung der »Götter« gesehen. Im zweiten Teil des Aggañña Sutta *erklärt es der Buddha wie folgt: Hierbei entwickeln wir uns zwar, aber der »göttliche« Funke ist in uns, was uns von der leblosen Materie unterscheidet. Bei Darwin geht es um unsere körperliche und physikalische Entwicklung, im Buddhismus auch um den geistigen und sozialen Teil, verbunden mit der psychischen Entwicklung. »Alles ist in kontinuierlichem Wandel«, sagt eine der Hauptlehren des Buddhismus. Der Darwinismus sieht alles »in gegenseitiger Abhängigkeit«. Im Buddhismus läuft die Evolution über gigantische Zeiträume. Doch sowohl im Buddhismus wie im Darwinismus stehen Mensch und Tier als Teil des gemeinsamen Lebenssystems auf dieser Welt. Der Buddhismus geht noch einen Schritt weiter: Wir sind zwar grundsätzlich ein Produkt der Evolution. Aber noch mehr: Der »göttliche« Funke, die »Buddha-Natur« (Sanskrit: buddha-dhātu) ist in uns. Dies findet sich in allen Lehren des historischen Buddha. Zum Beispiel im* Mahāparinirvāṇa Sutta, *das die Gesamtzusammenfassung seiner Lehre beinhaltet, im Kapitel 12 lernt man: Alle Wesen haben Buddha-Natur. Dies ist das wahre Selbst … Es ist stark … und dieses »göttliche Wesen« ist unzerstörbar … Buddha-Natur ist nicht trennbar von unserem Selbst … Und die Kraft der Götter wirkt in der Evolution mit. Der Weg zur Verbindung mit dem »Göttlichen« ist in einem jeden von uns enthalten. Dies ist die Lehre des Buddhismus.*

Quellen:

[1] *Japanese-English Buddhist Dictionary*, Daito Shuppansha, Tokyo 1999.

[2] *Sutta Central, https://suttacentral.net/dn27/de/franke,* Zugriffsdatum: 27. April 2020.

[3] Harvey, Peter, *An Introduction to Buddhism. Teachings, history and practices*, University of Cambridge Press, Cambridge 1990.

[4] Gethin, Rupert, »*Cosmology and Meditation: from the Aggañña Sutta to the Mahāyāna*«, *History of Religions*, Vol. 36, Number 3, University of Chicago Press, Chicago 1997.

Ich habe weder Buddhismus studiert noch gehörte ich einer buddhistischen Gemeinschaft an. Buddhas Betrachtungen zur Evolution las ich in dem Beitrag von Prof. Dr. Ryofu Pussel zum ersten Mal. Die Verwandtschaft unserer Gedanken verblüffte mich.

Auf Basis meiner bisherigen Aufzählung über die kuriosen Fähigkeiten der Tiere (in Kapitel 1) darf einiges über die Evolution angezweifelt werden. Und der Mensch? Sind wir ausschließlich das Produkt der Evolution – oder steckt mehr dahinter? Dies ist das Thema des nächsten Kapitels.

Kapitel 3

Vertuscht und unterschlagen

Prof. Dr. Luis Navia, 28 Jahre lang Lehrstuhlinhaber für Philosophie am Institute of Technology in New York, USA, ist ein fundierter Kenner aller Indizien für und gegen die Evolution. Seine Meinung: [92]

»Es gibt Wissenschaftler, die von der Evolution als Tatsache sprechen und sofort bereit sind, den ›Mystizismus‹ und die ›Pseudowissenschaftlichkeit‹ anderer zu verdammen. Vielleicht sind sie sich nicht darüber im Klaren, dass wissenschaftliche Hypothesen erst zu Tatsachen werden können, wenn wir bestimmt wissen, dass alle möglichen, einschlägigen Informationen analysiert wurden.«

Das sieht der Biochemiker Prof. Dr. Oliver Mühlemann von der Universität Bern, Schweiz, völlig anders: [93]

»Woher kommen wir? Wie ist das Leben entstanden? Plausible Antworten auf diese für unser Selbstverständnis und unsere Weltanschauung so zentralen Fragen haben in den letzten 200 Jahren vor allem die Naturwissenschaften geliefert. Allen voran Charles Darwin mit seiner einfachen, eleganten und x-tausendfach bestätigten Evolutionstheorie. Sie erklärt schlüssig, wie sich die heutige Vielfalt an Lebewesen aus gemeinsamen, identischen Urzellen entwickelte.«

Zwei brillante und geistreiche Wissenschaftler – zwei gegenteilige Ansichten. Wird Wissenschaft zum Dogma? Welchem der beiden muss man jetzt »glauben«?

Anthropologie heißt die Fachwissenschaft, die sich mit der »Lehre vom Menschen« befasst. Das Wort Anthropologie setzt sich aus den griechischen Wörtern *anthropos* = Mensch und *logos* + *logie* = das Wort, die Kunde, zusammen. Die Bezeichnung stammt vom deutschen Philosophen Magnus Hundt (1449–1519) und ist 400 Jahre älter als Darwin. Ursprünglich wurde der Begriff Anthropologie vorwiegend auf die Abstammung des Menschen angewandt. Heute existieren Unterabteilungen wie beispielsweise die philosophische Anthropologie, die historische Anthropologie, die theologische Anthropologie, die psychologische Anthropologie, die Kulturanthropologie und sogar die kybernetische Anthropologie. Immer steht der Oberbegriff Anthropologie für eine Gruppe der Humanwissenschaften. Untersucht wird die Entwicklung des Menschen in speziellen Bereichen. Doch generell zählt sich die Anthropologie zu den Naturwissenschaften. Eigentlich müsste sie exakte Resultate liefern, und ihre Beweise müssten empirischen Kriterien standhalten.

Und genau daran hapert es. In der Darwin'schen Anthropologie wird aufgrund von Schädel- und Skelettknochen ein Bild zusammengeklebt, um die Abstammung des Menschen zu zementieren, doch diese Beweise sind allesamt angreifbar. Wie in jedem Beruf gibt es neben den grundehrlichen Anthropologen auch solche, die schummeln und betrügen. Und leider auch viele – zu viele! –, die sämtliche Argumente, die gegen Darwins

Lehre sprechen, nicht zur Kenntnis nehmen wollen. Das brillanteste und ausführlichste Werk, in dem die Unredlichkeiten in der Anthropologie minutiös entlarvt werden, ist jenes der Autoren Michael Cremo und Richard Thompson: *Verbotene Archäologie*. [94] Kurz nach dem Erscheinen des 1000-Seiten-Buches in den USA drehte der Fernsehsender NBC eine Dokumentation, um die Öffentlichkeit auf die möglichen Fehler in der Evolutionslehre hinzuweisen. Doch die amerikanischen Anthropologen beschwerten sich vehement bei der US-Aufsichtsbehörde Federal Communications Commission, und der Film durfte nur noch zensiert gezeigt werden. Es ist nicht zu fassen: Im freiesten Land der Welt, in dem die Freiheit der Rede verfassungsmäßig garantiert ist, existiert eine Zensurbehörde. Sie verhinderte, dass Beweise *gegen* Darwins Lehre einer breiten Öffentlichkeit zugänglich gemacht wurden. Unwillkürlich wird man an das dogmatische Verhalten von Religionen erinnert. Die andere Seite *darf* nicht recht haben.

Die Autoren Cremo und Thompson – der Zweitgenannte ein Doktor der Mathematik – nahmen Skelette und Steine unter die Lupe, sie analysierten Schädel in den Museen und solche, die absichtlich im Gelände zerstört worden waren. Sie gingen den Lebensgeschichten der jeweiligen Forscher nach und untersuchten kuriose Gegenstände, die es eigentlich nicht geben dürfte, auf ihre Echtheit. Das Resultat war ernüchternd: [94]

»Werden alle verfügbaren Beweise unvoreingenommen betrachtet, so müssen wir feststellen, dass daraus kein evolutionäres Bild des menschlichen Ursprungs entsteht …, es ist fast unmöglich, überhaupt etwas über den Ursprung des Menschen zu sagen …, es ist offenkundig, dass vorgefasste Meinungen über die Evolution des Menschen eine wichtige Rolle bei der Unterdrückung von Berichten über ungewöhnliche Steinwerkzeugindustrien gespielt haben. Dies ist auch heute noch so.«

Im November 1938 veröffentlichte Prof. Dr. Burroughs, damals Geologe am Berea College in Berea, Kentucky, USA, einen Artikel in der College-Zeitschrift. Darin behauptete er, gemeinsam mit einigen Kollegen an einem versteinerten Sandstrand im Bezirk Rockcastle, Kentucky, USA, Spuren von Wesen gefunden zu haben, die menschenähnlich gewesen sein müssten. Burroughs: [95]

»Die Fußabdrücke sind in die horizontale Oberfläche eines harten, massiven grauen Sandsteins eingedrückt. Es gibt drei Paar Spuren, die Abdrücke vom linken und vom rechten Fuß zeigen …, jeder Fußabdruck hat fünf Zehen und eine ausgeprägte Wölbung.«

Der Fundort mitsamt den Fußabdrücken wurde von mehreren Fachleuten beglaubigt. Der Geologe Prof. C. Gilmore bestätigte, die Abdrücke würden in einer Gesteinsschicht liegen, die definitiv zum Oberen Karbon gehöre. Das war glattweg unmöglich. Das Zeitalter des Oberen Karbon liegt rund 320 Millionen Jahre in der Vergangenheit, und damals konnte es keine menschenähnlichen Wesen geben, die zudem auf zwei Beinen liefen. Ein Ethnologe vermerkte, wahrscheinlich seien die Fußabdrücke von einem Indiostamm in den Boden gemeißelt worden. Also wurden die Abdrücke mikroskopisch untersucht. Die Aufnahmen zeigten Sandkörner zwischen den Zehen und an den Fersen, die enger zusammengedrängt lagen als die Körner *neben* den Füßen. Dies bewies den Druck des Körpers auf die Fersen und die Zehen. Zudem zeigten die Aufnahmen unter dem Mikroskop keinerlei Spuren irgendeiner künstlichen Bearbeitung. Trotzdem erklärte die gesamte Fachriege der Anthropologen, die Abdrücke *müssten* Fälschungen sein, weil im Karbonzeitalter keine Zweifüßer existiert hätten. Die Zeitschrift *Science News Letter* schrieb in ihrer Ausgabe vom Juni 1939: [95]

»Wir geben zu, dass wir nicht genau wissen, wie die Spuren entstanden sind, aber wir wissen, dass es *ein* Geschöpf nicht gewesen sein kann, und das ist der Mensch im Karbon.«

Und in der 1940er-Januar-Ausgabe der Zeitschrift *Scientific American* spottete ein Dr. Albert Ingalls:

»Wenn man einen Wissenschaftler nach dem Menschen im Karbon fragt, so ist das, als ob man den Historiker nach Dieselmotoren im alten Sumer fragt. Die Wissenschaft weiß, dass diese Abdrücke nicht von einem Menschen im Karbon stammen, es sei denn, 2 und 2 sind 7 oder die Sumerer hätten Flugzeuge und Radios gehabt.«

Darwin sei Dank – die Meinungen sind gemacht.

Im Jahre 1850 wurde auf dem Hügel Colle de Vento bei Savona, Italien, eine Kirche gebaut. In 3 Metern Tiefe stießen Bauarbeiter auf ein menschliches Skelett. Seine Knochen lagen in einer natürlichen Umgebung, eingebettet in einem charakteristischen Sedimentgestein aus Ton und Kalk. In derselben Schicht tauchten auch Knochen von einem Rhinozeros sowie marine Muscheln auf. Die Schichten gehörten eindeutig zum Zeitalter des Mittleren Pliozän – das liegt über 4 Millionen Jahre in der Vergangenheit. Das gefundene Skelett gehörte zu einem Menschen von kleiner Statur, und es lag in geologisch vollkommen unberührten und intakten Schichten. Spätere Ausgrabungen förderten noch Bruchstücke von verschiedenen Tieren in derselben Schicht zutage.

Der Fund liegt 180 Jahre zurück. Gerüchte kamen auf, es handle sich um eine Begräbnisstätte der Barmherzigen Schwestern von Savona. Im Jahre 1871 fand in Bologna ein Kongress für Prähistorische Anthropologie statt. Dort hielt der Priester D. Perrando einen Vortrag über das Skelett und belegte, dass der Fundort zu keiner Zeit eine Begräbnisstätte der Barmherzigen Schwestern gewesen sein konnte. Mit den Jahren verschwanden immer mehr Teile des Skelettes im Nirgendwo. In den heutigen Lehrbüchern über Anthropologie existiert der Fund so gut wie nicht mehr, und wenn er doch vereinzelt auftaucht, dann wird er negativ und als Manipulation etikettiert. Wobei – laut Cremo und Thompson – eindeutig falsche Aussagen publiziert werden.

In dieselbe Serie der absichtlichen Verdrehungen gehört der Fall von Hueyatlaco, über den ich in einem früheren Buch berichtete. [10] Der Ort Hueyatlaco liegt 120 Kilometer südöstlich von Mexico City. Im Herbst des Jahres 1960 stießen Arbeiter auf mehrere seltsam geformte Steine. Die hinzugezogenen Fachleute identifizierten die Steine eindeutig als Werkzeuge. Nun wurden die Objekte mit vier verschiedenen Methoden datiert: 1) mit der Uran-Serien-Methode, 2. mithilfe der Spaltspurendatierung, 3) mit der Tephra-Hydrations-Methode und 4) durch die Methode der Mineralverwitterung. Sämtliche unabhängig voneinander vorgenommenen Datierungen ergaben ein Alter von 250 000 Jahren. Aber vor 250 000 Jahren durfte es keine von Menschen gemachte und von Menschen benutzte Werkzeuge geben, jedenfalls nicht auf dem amerikanischen Kontinent. Also wurden die Steinwerkzeuge von den Anthropologen nicht akzeptiert. Cremo und Thompson kommentierten den Fall wie folgt: [94]

»Das Problem liegt viel tiefer als Hueyatlaco. Es betrifft die Manipulation der wissenschaftlichen Denkweise durch die Unterdrückung rätselhafter Daten … Hueyatlaco wurde von den Archäologen abgelehnt, weil es der Theorie widerspricht. Ihre Argumentation dreht sich im Kreis. Der Homo sapiens entwickelte sich vor circa 30 000 bis 50 000 Jahren in Eurasien. Daher kann es unmöglich 250 000 Jahre alte Werkzeuge gegeben haben, die auf den Homo sapiens sapiens zurückgeführt werden könnten, da der Homo sapiens sapiens erst vor circa 30 000 Jahren entstand. Diese Denkweise bringt selbstzufriedene Wissenschaftler, aber eine lausige Wissenschaft hervor.«

Die Sturheit von zu vielen Anthropologen schreit nach einer neuen Wissenschaft. Die alte ist offensichtlich nicht willens, die aktuellsten Erkenntnisse vorurteilslos zu untersuchen. Wenn sich überhaupt ein Anthropologe mit Außerirdischen oder gar mit einem Intelligent Design beschäftigt, dann mit dem überlegenen Lächeln des Besserwissers: Ist doch ohnehin alles Quatsch! Cremo und Thompson zeigen am Ende ihres Buches eine Tabelle mit über 120 Fundstücken, sauber aufgelistet nach dem Alter der Objekte, dem Ort des Fundes, der Kategorie (Knochen? Bearbeitete Steine? Fußabdrücke? Mineralien? etc.) und der Referenznummer. Übersichtlich und leicht kontrollierbar. Die Fachleute, die es eigentlich angehen müsste, zucken bestenfalls mit den Schultern.

Mich erinnern die »unmöglichen« Datierungen von beispielsweise 320 Millionen Jahren (Fußabdrücke in Rockcastle, Kentucky, USA) oder von 30 Millionen Jahren (Skelette bei Savona, Italien) frappant an die genauso »unmöglichen« Jahreszahlen der Zeitalter im Buddhismus. Und bereits *vor* dem Buddhismus verkündete die Religion der Jainas ähnliche, »unmögliche« Zeitalter. In ihren heiligen Schriften wird von Menschen berichtet, die vor 8 400 000 Jahren wirkten und von anderen, die durchschnittlich alle 100 000 Jahre wieder auftauchten. [96, 97] Und nur als Querverweis weg vom religiösen Schrifttum möchte ich an die sumerische Königsliste erinnern. Sie liegt heute im Britischen Museum in London, und ihr zufolge regierten die zehn Urkönige vor der Flut insgesamt 456 000 Jahre. Bei den Maya in Zentralamerika gab es einen Gott namens Bolon Yokte. Laut einer Schrifttafel im Tempel

XIV von Palenque, Mexiko, tauchte dieser Gott erstmals am 29. Juli 931 449 v. Chr. auf. Auf der dritten Tafel im Tempel der Inschriften von Palenque ist im Zusammenhang mit dem Knabenkönig Pakal ein Datum in den Stein gemeißelt, das 1 274 654 Jahre in der Vergangenheit liegt. [98] Wir nehmen diese und unzählige andere Daten (etwa in Ägypten) gar nicht erst zur Kenntnis, *weil* sie ohnehin nicht zutreffen können. Sind wir alle Opfer des evolutionären Weltbildes geworden? *Können* wir nicht anders denken – weil es uns so und nicht anders beigebracht wurde? Für die Generation meiner Großväter, Väter und meiner eigenen ist es absolut vernünftig, dass vor dem Menschen die Affenarten existierten. Und wenn die Fakten dagegensprechen? Wenn es schon Menschen vor Jahrmillionen gab? Menschen *neben* den Affen? Ganz selbstverständlich unterstellen wir, unsere Ur-Ur-Urahnen, die die »unmöglichen« Daten in Stein meißelten, in Tontafeln drückten, auf Pergamente oder Papyrus kritzelten, hätten sich geirrt, seien falsch informiert gewesen oder hätten maßlos übertrieben, um ihre Herrscher größer erscheinen zu lassen, als sie in Wirklichkeit waren. Doch all das sind nichts als Unterstellungen – Annahmen –, die von uns vorgebracht wurden. Vor Jahrtausenden aber war das Schreiben eine heilige Kunst, die nur wenige beherrschten. Damals wurden weder dem Papyrus noch dem Stein Lügen anvertraut. Die Alten wussten sehr wohl, was sie überlieferten. Die Besserwisser sind wir.

In seinem Buch *Die Evolutions-Lüge* berichtet Dr. Hans-Joachim Zillmer [99] über mehrere, wissenschaftlich dokumentierte Fälle von Saurierknochen, die nirgendwo ins anthropologische Modell passen. Die Fossilien sind viel zu jung. Nach allgemeiner Lehrmeinung starben sämtliche Saurierarten durch einen Meteoriteneinschlag vor rund 66 Millionen Jahren aus.

Doch die Saurierknochen, um die es hier geht, wurden mit rund 24 000 Jahren datiert. Unmöglich.

Im Flussbett des Paluxy Rivers bei Glen Rose in Texas, USA, wurden versteinerte Abdrücke von Sauriern neben denjenigen von Menschenfüßen entdeckt. Unmöglich. Kein Mensch kann je einem Saurier begegnet sein. Aus diesem Grund werden die Abdrücke von Menschen und Sauriern in derselben geologischen Schicht als Fälschungen abgetan. In der Wissenschaftsliteratur finden sie keine Beachtung. Fälschung ist das Zauberwort, mit dem alles Unpassende weggejubelt wird. Genauso wie der Schuhabdruck, der im Juni 1968 bei Antelope Springs, Utah, USA, gefunden wurde. Ich berichtete schon vor 44 Jahren darüber. [100] Doch in den anthropologischen Lehrbüchern hat sich seither nichts geändert. Fälschung. Es *ist* aber keine Fälschung. Hier die Geschichte:

Am 3. Juni 1968 hielt sich William Meister mit seiner Gattin, seinen beiden Töchtern und dem Ehepaar Francis Shape mitsamt dessen Töchtern im Raum von Antelope Springs, 43 Meilen von Delta im Staate Utah, USA, auf. William Meister gab sich, mit einem Hämmerchen bewaffnet, der Suche von Fossilien hin. Dies war sein Hobby. An diesem Tage wurde er selbst nicht fündig, aber die Mädchen. Diese fanden auf einem Felsen so etwas wie eine elliptische Rundung. Sorgsam hämmerte William Meister das Gestein rundherum weg, bis plötzlich eine Schicht abblätterte – »wie ein offenes Buch«. [101] Als der versierte Sammler die seltsame Schicht in der Hand hielt, begann er an seinen fünf Sinnen zu zweifeln. Im Stein erkannte man eindeutig zwei Abdrücke von menschlichen Schuhen. Es gab weder Fersen noch Zehen noch Fußgewölbe, stattdessen aber deutliche Kanten spitz zulaufender Schuhe. 32,5 Zentimeter lang, 11,25 Zentimeter breit und 7,5 Zentimeter an den Fersen.

Dabei hatte der linke Fuß mit dem Absatz einen Trilobiten zertreten, dessen Reste gemeinsam mit den Schuhabdrücken versteinert waren. [Bild 48] Trilobiten sind sogenannte Urkrebse, die sich vor rund 500 Millionen Jahren auf der Erde tummelten.

William Meister trug seinen kuriosen Fund zu Professor Melvin A. Cook von der Universität Utah, und der wiederum empfahl ihm, sich an einen Geologen zu wenden. Der war sprachlos und meinte, der Fund müsse eine Fälschung sein, weil vor 500 Millionen Jahren niemand mit Schuhen an den Füßen auf der Erde gewandelt sei.

Seither ist der Schuhabdruck mitsamt dem Trilobiten mehrfach auf seine Echtheit untersucht worden. Der Trilobit liegt definitiv im Abdruck – und die Gesteinsschicht ist 500 Millio-

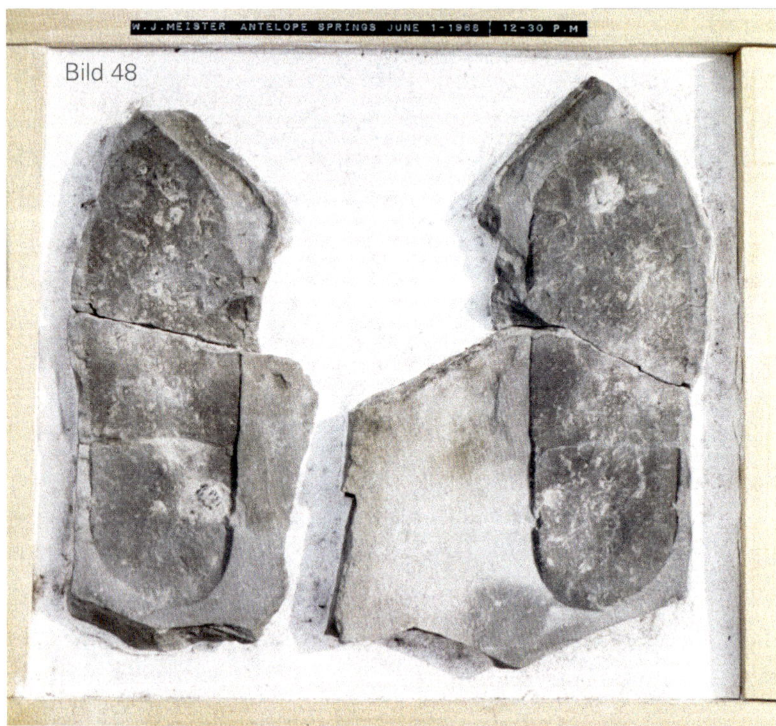

Bild 48

nen Jahre alt. Alles ist echt. Was an der Lehrmeinung gar nichts ändert. Auch die Meinung des Evolutionsbiologen Prof. Dr. Robert Martin vom Field Museum of Natural History in Chicago, USA, brachte keinen Umschwung. Martin ist überzeugt, dass Menschen und Saurier gleichzeitig lebten: [102]

»Die den Menschen einschließenden Primaten entstanden bereits vor etwa 90 Millionen Jahren. Also lebten die Urahnen von Gorillas, Schimpansen und Menschen Seite an Seite mit den Dinosauriern und haben sich nicht erst nach deren Ableben entwickelt.«

Mehrere molekulargenetische Untersuchungen durch Professor Martin und sein Team bestätigten seine Aussagen. (Als Randbemerkung: Weltweit existieren jahrtausendealte Funde in Form bildlicher Darstellungen, auf denen Menschen und Saurier nebeneinander dargestellt sind. Eingeritzt von Steinzeitmenschen, die angeblich nie einen Saurier gesehen haben sollen. (Mehr darüber in Quelle 101. Dort ab Seite 292.)

In dieselbe Familie gehört auch ein Schuhabdruck, der in einem Kohlenflöz im Fisher Canyon, Pershing County, Nevada, USA, entdeckt wurde. Der Abdruck der Schuhsohle ist derart deutlich, dass sogar die Spuren eines starken Zwirns zu erkennen sind. Der Abdruck ist 15 Millionen Jahre alt und passt genauso wenig in die Evolutionslinie wie die bisher erwähnten Schuh- und Fußabdrücke.

Im Januar des Jahres 2020 unterzeichneten über tausend Wissenschaftler eine Online-Petition, die sich kritisch zu Darwins Lehre stellte, darunter Wissenschaftler der US National Academy of Sciences und solche der berühmten Hochschulen Yale, Princeton, Stanford, MIT und Berkeley. In der Petition mit dem Titel »A Scientific Dissent from Darwinism« wird der Skeptizismus gegenüber den Behauptungen der Zufallsmutationen und natürlichen Selektionen ausgedrückt. [103] »Es gilt, die Komplexität des Lebens zu berücksichtigen.« Klarer ausgedrückt: Die bisherigen Belege zu Darwins Theorie sollen unter die Lupe genommen werden.

»Das einzige Mittel gegen den Aberglauben ist die Wissenschaft.« Dieser Satz stammt vom britischen Historiker und Schachmeister Henry Thomas Buckle (1821–1862). Auf die Evolutionslehre angewandt stimmt die Aussage nicht mehr. Dort werden selbst die aktuellsten Funde aus unserer Gegenwart nicht beachtet. Funde, die sich leicht überprüfen ließen: Man könnte mit dem Auto hinfahren. Die Funde haben sehr wohl etwas mit der Entstehung des intelligenten Menschen zu tun. Denn wenn nachgewiesen werden kann, dass Menschen bereits vor 30 000 oder 50 000 Jahren Werkzeuge schufen, Steine bekritzelten und Felswände mit geistreichen Zeichnungen versahen, dann stimmt die bisherige Abfolge in der Evolution nicht. Der Leierkasten, vor 10 000 Jahren hätten nur primitive Höhlenbewohner existiert, liefert falsche Musik. Nachfolgend einige Beispiele:

Da las ich im deutschen Magazin *Focus* eine Meldung, die mich elektrisierte. [104] Ich ging der Sache nach, fand sie bestätigt und schrieb darüber. [105] Die Reaktion? Ein eher zorniger Anruf von einem mir persönlich bekannten Prähistoriker, der meinte, man sollte derartigen Funden keine Bedeutung beimessen. Worum ging es?

Die französische Astronomin Chantal Jègues-Wolkiewiez hatte gemeinsam mit Freunden die Felsmalereien in der Höhle von Lascaux im Département Dordogne, Frankreich, besucht. Die Bilder zeigen Pferde, Hirsche, Stiere, Handabdrücke und nichtssagende Linien und Punkte. Alles angefertigt in den Farben, die Steinzeitmenschen zur Verfügung standen. Die Archäologen sahen dahinter nichts als das Bedürfnis der damaligen Jäger, ihre Höhlen zu verschönern. Doch Madame Jègues-Wolkiewiez bemerkte ganz andere Zusammenhänge. In Wirklichkeit zeigten die »nichtssagenden Punkte und Linien« ganze Sternbilder, von denen die Archäologie stets angenommen hatte, sie seien um 5000 v. Chr. erstmals von den Babyloniern und Chaldäern erwähnt worden. Doch die Höhlenmalereien waren mindestens 18 000 Jahre alt – 13 000 Jahre älter als die Babylonier. Madame Jègues-Wolkiewiez stellte eine Karte des Sternenhimmels zusammen, wie er sich vor 18 000 Jahren dem Betrachter darbot. Anschließend wurden alle Punkte und Striche exakt vermessen und die Resultate mithilfe eines Computerprogrammes mit dem Sternenhimmel von vor 18 000 Jahren verglichen. Die Übereinstimmungen waren perfekt. Der Astronom Gérard Jasniewicz von der Universität Montpellier, Frankreich, bestätigte: [104]

»Mehrere Elemente sind über jeden Zweifel erhaben. Die Ausrichtung der Höhle gemäß der Sonnenwende, die Positionierung von Steinbock, Skorpion und Stier in der Halle entsprechen dem damaligen Sternenhimmel.«

Die Reaktion der Anthropologie auf die Entdeckung? Reine Spekulation.

Im September 1991 wurden vor Cap Morgiou im Mittelmeer (südöstlich von Marseille, Frankreich) in der Henri-Cosquer-Höhle Felszeichnungen gefunden. Doch der einzige Eingang zu der Höhle und damit zu den Malereien liegt 37 Meter unter dem Meeresspiegel. Froschmänner mit Spezialkameras fotografierten und kartografierten die Bilder, Farbproben wurden an die Oberfläche gebracht und später datiert. Das Alter der Malereien liegt zwischen 19 000 und 27 000 Jahren. Die Bilder zeigten Bisons, Pinguine, Katzen, Antilopen, einen Seehund und unerklärliche geometrische Symbole. Da unsere steinzeitlichen Vorfahren keine Taucheranzüge kannten und definitiv keine Malereien unter Wasser anfertigten, muss dies alles geschehen sein, als der Mittelmeerspiegel mindestens 37 Meter tiefer lag als heute. Wann war das? Eine Frage, die die Geologen beantworten müssten. Und woher sollen die Steinzeitmenschen am Mittelmeer Pinguine gekannt haben? Waren sie als global agierende Steinzeitwanderer unterwegs? Ich vermute auch, dass die Datierungen viel zu niedrig angesetzt worden sind.

Dieselben Fragezeichen gelten für die Unterwasserruinen vor der Insel Malta. In mehreren Büchern hatte ich auf die sogenannten Cart Ruts hingewiesen. [106] Dabei handelt es sich um schienenähnliche Furchen im Boden, die sich in parallelen Kurven über die Insel Malta ziehen und dann in der Tiefe des Mittelmeers versinken. Jetzt sind die Taucher Thorsten Morawietz und Ramon Zürcher – Letzterer ist mein forschender Sekretär – diesen Cart Ruts nachgeschwommen. In Tiefen von 10 bis 40 Metern stießen sie immer wieder auf rechteckig zugeschnittene Blöcke, manche mit Abstufungen.

»Im Bereich des Geländes der versunkenen Stadt Belt fil-bahar werden die Monolithen immer gewaltiger, je weiter man in die Tiefe vordringt. Hier liegen riesige Quader wie aufgereiht nebeneinander in 28–35 Metern Tiefe. Unzählige Monolithe liegen dort auf dem Meeresgrund. Teilweise ist noch zu erkennen, dass sie auseinandergebrochen sind.« [107] [Bilder 49+50]

Ruinen unter Wasser findet man auch im Atlantik, etwa vor der Stadt Carnac in der französischen Bretagne, oder vor Lixus, Marokko, genauso wie im fernen Pazifik bei den Basaltbauten von Nan Madol (Karolinen-Inseln), vor der Südspitze von Yonaguni (Japan) oder vor der indischen Küste vor Mumbai (exakte Position: 22. Breitengrad, 14 Minuten Ost, 68. Längengrad, 58 Minuten Nord). Dort liegt eine ganze Stadt unter Wasser. Was weiß man darüber?

Unter den vielen Schlachten, die in altindischen Texten, insbesondere in dem gigantischen Werk *Mahabharata* beschrie-

Bild 49

Bild 50

ben werden, gab es auch jene zwischen der Yadu-Dynastie und einem »Dämon« namens Salva. [108] Der bat den Halbgott Shiva um ein »himmlisches Fahrzeug«, das in der Lage sei, überall hinzufliegen. Shiva willigte ein und beauftragte seinen Chefkonstrukteur Maya (derselbe, der auch in den Epen und Puranas Fahrzeuge baut), eine fliegende Stadt herzustellen. Es muss ein furchterregendes Fluggebilde gewesen sein, und es konnte sich mit einer Geschwindigkeit bewegen, die so hoch war, dass es schier unmöglich war, dem Ding mit den Augen zu folgen. Dieses Fahrzeug sollte die Stadt Dvaraka, den Hauptsitz der Yadu-Dynastie, zerstören. In und unter der Stadt waren starke Abwehrwaffen gegen Luftangriffe installiert. Die Schlacht dauerte 27 Tage. Tausende von Kampfwagen wurden vernichtet, Tausende von Elefanten und Zehntausende von Kriegern starben. Während die Stadt Dvaraka Stück für Stück zerbrach, tauchte am Firmament ein Luftschiff des Gottes Krishna auf. Der steuerte das Himmelsfahrzeug von Salva an, um es zu stoppen. Doch Salva feuerte ein mächtiges Geschoss gegen Krishna ab, das unfassbar gleißend hell erstrahlte. Krishna seinerseits überschüttete Salvas Himmelsstadt mit einer wahren Flut von Geschossen, die das ganze Firmament wie Sonnen überstrahlten. Schließlich zerfetzte Krishna die Himmelsstadt von Salva, sodass diese in Form Tausender Teile ins Meer stürzte. Auch die Stadt Dvaraka lag in Trümmern. Heute befinden sich sowohl die Überreste jener alten Stadt als auch die Bruchstücke des himmlischen Kampfschiffes von Salva auf dem Meeresgrund. Vor Ort kamen Unterwasserkameras zum Einsatz, dann Magnetometer und Unterwassermetalldetektoren. Zuerst erfassten die Objektive der Kameras künstlich bearbeitete Steinblöcke, »die wegen ihrer Größe jede Möglichkeit eines natürlichen Transportes ausschlossen«. [109]. Dann tauchten Mauern auf, die im rechten Winkel zueinanderstanden, Straßen und die

Umrisse ehemaliger Gebäude. Alles muss einst Bestandteil »einer sehr hohen Zivilisation« gewesen sein. Nagelartige Metallstücke mit einem hohen Anteil an Silizium und Magnesium wurden sichergestellt, und die indischen Wissenschaftler zweifelten keinen Moment daran, dass im Seebett von Dvaraka noch viel mehr Metallteile herumliegen müssen. Dies belegten die Messungen mit den Metalldetektoren. Der wissenschaftliche Bericht über die Funde, die bis zu mehrere Hundert Meter vor der Küste liegen, schließt mit den Worten:

»Die Hinweise im *Mahabharata* auf Dvarakas Stadt waren weder Übertreibungen noch Mythen. Es war im wahrsten Sinne des Wortes Wirklichkeit.« [109]

Indische Geologen, die an den Untersuchungen mitwirkten, fanden auch Mauerreste unter Wasser, die eindeutige Spuren von Gesteinsverglasungen zeigten. Irgendwann muss hier eine grauenhafte Temperatur geherrscht haben.

Die Überlieferungen sind bekannt und die exakte, geografische Position der archäologischen Fundstellen ebenso. Hier bietet sich eine Gelegenheit, den Wahrheitsgehalt alter Geschichten zu demonstrieren. Zudem könnte man die Existenz einer Hochtechnologie vor Jahrtausenden beweisen, denn die vermutlich rostfreien Überreste jenes Raumschiffes liegen immer noch unangetastet im Schlick des Meeresgrundes. Weshalb machen die indischen Gelehrten nicht weiter? Es liegt immer am Geld. Alle gescheiten Geldgeber haben ihre Berater, und die wiederum finden, erschreckende Wahrheiten aus der tiefen Vergangenheit sollte man dort lassen. Die Menschheit sei nicht reif dafür. Und »die Wissenschaft«? Weshalb werden keine Hochschulen von sich aus tätig?

Vermutlich, weil »die Wissenschaft« nichts weiß. Weder über die Strukturen unter Wasser vor Malta noch über diejenigen vor der Küste Indiens. Bücher eines Erich von Däniken oder seiner Kollegen werden in jenen Kreisen nicht gelesen. Und die Gelehrten, die es trotzdem tun, schweigen. Sie *können* nicht Partei ergreifen. Ihr Status lässt dies nicht zu. Veränderungen einer wissenschaftlich fest verankerten Meinung *können* nur im Schneckentempo eines Generationenwechsels stattfinden. Das liegt am System. Jedes wissenschaftliche Journal prüft die eingereichten Manuskripte nach bestimmten Kriterien. Erst nachdem mehrere Fachleute ihr Okay gegeben haben, wird eine Arbeit veröffentlicht. Dieses Vorgehen schützt zwar einerseits die betreffende Fachgemeinde vor einer Flut von unsachlichen Veröffentlichungen, andererseits wird eine Diskussion von möglicherweise brisanten Entdeckungen blockiert. Bezüglich der Darwin'schen Ansicht, eine Lebensform habe sich langsam aus einer anderen entwickelt, verhallen seit Jahrzehnten alle Gegenargumente. Sie werden gar nicht aufgegriffen.

In seinem Buch *Die Evolutions-Lüge* [99, Seite 302] weist Dr. Hans-Joachim Zillmer darauf hin, dass eine langsame Anpassung der Lebensformen vom Wasser aufs Land nicht möglich sei. Ein Fisch – so Zillmer – könne nicht länger als einige Minuten außerhalb des Wassers leben:

»Hätten Generationen von Fischen einen Besuch auf dem trockenen Land versucht, wären alle in wenigen Minuten gestorben.« Der Grund dafür liege in den »komplexen Organen wie einer vollständig entwickelten Lunge«, die nicht urplötzlich zustande kommen könne. »Eine sich *langsam* entwickelnde Lunge ist in jedem gemäß der Evolutionstheorie erforderlichen Zwischenstadium aber nicht funktionsfähig. Eine teilweise oder halb entwickelte Lunge hat es nie gegeben und kann in den Fossilien selbstredend nicht gefunden werden.« So Dr. Hans-Joachim Zillmer.

Die Evolutionstheoretiker nehmen an, irgendeine Urkrebsart habe sich langsam – über Jahrmillionen hinweg – an die Bedingungen an Land angepasst. Wenn dem so wäre, müsste es tatsächlich von den entsprechenden Fossilien nur so wimmeln. Es gibt sie aber nicht. Dieses Argument der fehlenden Fossilien betrifft aber genauso die *langsame* Entwicklung von irgendeiner Affenart zum Menschen. Zwei, drei Knochen beweisen nichts. Es müsste wimmeln davon.

Die Lehre nimmt an, aus Quallen und Polypen hätten sich Plattwürmer, Ringelwürmer, Blutegel und schließlich Krebse entwickelt. Daraus seien irgendwann Wirbeltiere entstanden. Welchen Geschlechtspartner soll eigentlich der erste Krebs gehabt haben? Zwischenstufen, die keinen Zweck erfüllten, funktionieren nicht. Hat die Mutation zufälligerweise eine ganze Krebspopulation verändert? Aus krebsartigen Formen und Knochenfischen sei der Lurch, das erste Kriechtier, entstanden. Aber dieselben Lurche sollen – so sagt es die Evolutionslehre – zur Eiablage zurück ins Wasser gegangen sein. Der letzte Lurch – oder das erste Reptil – dieser Entwicklungslinie war ein Wesen, das die Anthropologen Seymouria nannten. Dieses Wesen soll das fehlende Bindeglied zwischen Amphibien und Reptilien gewesen sein. Doch dieses erste, mutierte Wesen namens Seymouria konnte sich mit seinen bisherigen Artgenossen nicht mehr paaren. Woher kamen seine Geschlechtspartner? Ohne solche wäre die Linie gleich wieder ausgestorben. Das geht endlos so weiter: Neue Arten tauchen auf, neue Populationen bekommen neue Namen zugeteilt, auch wenn die Tiere keine Geschlechtspartner hatten und ihre Chromosomenzahl völlig unterschiedlich gewesen sein müsste. Nicht zu vergessen die unzähligen Lebensformen, die über die Jahrmillionen hinweg kamen und verschwanden – ohne unser Dazutun.

In den *Proceedings of the National Academy of Sciences of the United States of America* (PNAS) ist nachzulesen, wie allein in unserer Zeit »Millionen von Arten« vor dem Aussterben bedroht sind. [110] Mehr als 540 Landwirbeltierarten sollen im 20. Jahrhundert ausgerottet worden sein. Jede aussterbende Art verursache »einen Dominoeffekt, der weitere Auslöschungen mit sich bringt«. Das war vor Jahrmillionen nicht anders. Arten kamen und gingen – wo blieben ihre Spuren? Was die Menschwerdung angeht, begnügt sich die Anthropologie mit wenigen Knochenfunden, die Tausende von Kilometern voneinander entfernt liegen und auf verschiedenen Kontinenten zusammengeklaut wurden. So tauchen denn alle paar Jahre irgendwelche Fossilien auf, die pressewirksam zu unseren neuesten Ahnen deklariert werden. Gab man sich einmal mit dem *Homo erectus* (*erectus* = aufgerichtet) zufrieden, so wurde als Nächstes der *Homo habilis* (= begabter Mensch) und dann der *Homo sapiens* sapiens angepriesen. Neue Schädel – neue Ableger – neue Namen – und jeder Affenableger soll ein Beweis für unsere Abstammung nach Darwin sein. Stammte der *Homo sapiens sapiens* einst vom Neandertaler ab und der irgendwann von den Australopithecinen, so stimmt das wieder nicht, weil neue Entdeckungen die Linien durchkreuzen. Dabei geht es nie um irgendwelche Friedhöfe mit massenhaften Knochenfunden, sondern stets um weit voneinander liegende Einzelstücke. Verkauft wird das Ganze als gesichertes Wissen. Selbst die unfehlbare *Encyclopædia Britannica* meldet, an der Tatsache der Evolution könne nicht der geringste Zweifel herrschen.

Wirklich nicht? Dabei begründet die Evolutionslehre den Wechsel vom affenartigen Wesen zum Menschen mit mehr als windigen Ansätzen. Die unsinnigen *Weils*, die als Ursache für die nächste Abstammungslinie herangezogen werden, sind vielfältiger als die wenigen, die ich bereits anführte. Da wird unterstellt: *Weil* die Vormenschen in Rudeln lebten, hätten sie ein soziales Verhalten entwickelt. Eine Art von Verantwortung gegenüber dem anderen und der eigenen Gruppe. Daraus sei schließlich die Intelligenz – das Planen für die Zukunft – entstanden. Das ist Unsinn. Viele Tierarten lebten und leben in Rudeln. Gorillas und Schimpansen tun dies genauso wie Löwen oder Heringsschwärme. Ihre Intelligenz hält sich in Grenzen. Oder: Der Vormensch sei aus klimatischen Gründen von den Bäumen herabgestiegen, *weil* er sich auf dem Erdboden schneller bewegen konnte als in den Bäumen. Und *weil* das Nahrungsangebot auf der Erde vielfältiger gewesen sei als in den Ästen. Nichts als der nächste Leerlauf. Als ob irgendeine Affenspezies etwas entdeckt habe, das ihr zum Vorteil gereichte, aber alle anderen derselben Familie dies nicht nachahmten. Sie turnen heute noch in den Bäumen herum.

Genauso widersinnig ist die Behauptung, der Mensch habe kein Fell, *weil* er gelernt habe, sich mit anderen Fellen zu bekleiden. Als ob unseren Ur-Ur-Urahnen die Körperhaare erst ausfielen, als sie begannen, sich anzuziehen. Noch dümmer: Mit weniger Körperhaaren würde man nicht so viel schwitzen. Der austretende Schweiß würde durch die Haut direkter verdampft. Und das soll nur für unsere Linie – jene des *Homo sapiens sapiens* – gelten? Weshalb tragen denn Bären ein dickes Fell? Und zwar nicht nur die Eisbären, sondern auch jene in den warmen Zonen Arizonas? Und weshalb verloren die Gorillas ihr Fell nicht, wo sie doch in feuchtheißen Zonen leben? Oder die Katzenartigen, die auf der ganzen Erde vorkommen? Irgendwo las ich sogar, wir hätten das Fell verloren, *weil* eine Haut ohne Haare sich im Wasser rascher abkühle. Deshalb hätten, so wird argumentiert, beispielsweise Flusspferde und Elefanten kein Fell. Mit Fell könnten die Flusspferde nicht überleben. Hitzschlag. Und der Elefant könnte seinen Körper nicht mit kühlem Wasser bespritzen. Was für Ausreden!

Wir haben keine Ahnung, wann und weshalb unsere Vorfahren ihr Fell verloren haben, denn jahrzehntausendealte Mumien mit Haaren existieren in keinem Sarkophag. Aber wir wissen mit Sicherheit, dass unser Planet mehrere Kälte- und Hitzeperioden durchlief. Wäre das Klima schuld am Verlust der Körperhaare, so müsste umgekehrt bei kühleren Temperaturen wieder ein Fell gewachsen sein. Anpassung nennt das die Evolutionslehre. In der Praxis hat sich gar nichts angepasst.

Genauso ins Reich des Wunschdenkens gehört die Meinung, auf »unserer« Linie befindliche Primaten hätten begonnen, Fleisch zu fressen, um sich besser und leichter ernähren zu können. Durch die im Fleisch enthaltenen Proteine (Eiweiße) hätten wir einen Vorsprung erhalten, der zur Intelligenz führte. Weshalb soll es »leichter« sein, eine Gazelle oder einen Fisch zu erlegen, als Früchte und Blätter vom Baum zu greifen? Und wenn Fleischfressen schneller zur Intelligenz geführt hätte, müssten Löwen eigentlich Superintelligenz aufweisen. Und Krokodile. Und Haie. Und all die anderen, die seit Jahrmillionen auf der Jagd nach etwas Fleisch sind.

Weil ein winziges Kriechtier Schutz vor der Umwelt und vor Fressfeinden benötigte, entwickelte sich ein Schutzpanzer. Diese haarsträubende Logik verlangt, dass der genetische Code, die Basenreihenfolge in der DNS, abgeändert werden muss, damit sich ein Schutzpanzer mit allem Drum und Dran – Beine, Klauen, Kopf betreffend – um das ehedem weiche Tier herumbilden konnte. Weshalb soll der Wunsch eines Tierchens zur Umgruppierung von chemischen Basen in der DNS führen? Und zwar nicht irgendeine Umgruppierung – sondern eine zielgerichtete.

Weil der Vormensch aufgrund seines Fleischkonsums stärkere Zähne benötigte, wuchsen sie ihm auch prompt. Verfügte das Gehirn dieses Vormenschen über wie auch immer geartete Fähigkeiten, um seiner DNS zu befehlen: Ich brauche jetzt stärkere Zähne?! Begann sich die DNS in den Geschlechtszellen zu verändern, damit – Simsalabim – künftige Generationen mit Mustergebissen fürs Fleischfressen ausgestattet werden?

Um die Evolution des Menschen zu zementieren, werden haarsträubende Argumente aus dem Hut gezaubert. *Weil* wir (gemeinsam mit unseren affenartigen Vorfahren) seit rund 30 Millionen Jahren existieren, hätten wir einen Evolutionsvorteil errungen, der schließlich zwingend zur Intelligenz führen musste. Aber Küchenschaben existieren seit 500 Millionen Jahren, sie sind Jahrmillionen älter als wir, und sie haben sich genauso allen Widerwärtigkeiten angepasst wie das Menschengeschlecht – nur Intelligenz entwickelte sich nie daraus. Und Intelligenz ist weit mehr als nur Anpassung. Intelligenz bedeutet Informationsaustausch, Kultur, Musik, Malerei, Werkzeuge, Technologie.

Genauso widersinnig sind die Unterstellungen, durch eine jahrhunderttausendelange Evolution würde »die Natur« *von selbst* entscheiden, was die betreffende Lebensform benötige oder was über Bord geworfen werden könne, *weil* es überflüssig sei. Wir – die Spitze der Evolution – seien eine Kombination der besten aller Eigenschaften. Sorry – aber wir können uns nicht so blitzartig bewegen wie eine Fliege. Wir verfügen über kein derart ausgeklügeltes Radarsystem wie die Fledermäuse. Unsere Augen erlauben kein Blickfeld von 342 Grad wie diejenigen eines Chamäleons. Mit unseren Fingern und Händen können wir nicht so elegant und perfekt von Ast zu Ast schwingen wie unsere Verwandten, die Schimpansen. Wir können keinerlei Gifte ausspucken, um uns vor den Angriffen anderer Tiere zu schützen. Wir können nicht einmal unsere Farbe wechseln wie Tintenfische. Und das Traurigste: Wir können nicht fliegen. Dabei sollen wir – genetisch! – mit den Vögeln verwandt sein, denn wir stammen ja ursprünglich alle von denselben »Dingern« ab.

Es hätte »in der Natur«, die zum Vorteil des Besten führen soll, nie einen Grund geben müssen, das Fliegen aufzugeben. Wer fliegt, beherrscht nicht nur die Lüfte. Die »Spitze der Evolution« (oder für die Religiösen: »die Krone der Schöpfung«) müsste eigentlich ein flug- und lauffähiges Wesen mit einem Rundumblick sein. Zudem sollte diese Kreatur ihre Farben blitzartig wechseln können, über ein unglaublich perfektes System von Sensoren verfügen und mindestens ein paar unzerstörbare gepanzerte Stellen an seinem Körper besitzen. Alle lebenswichtigen Organe sollten unangreifbar sein.

Doch was macht »die Evolution«? Sie hat uns ein Gehirnvolumen verschafft, das wir nicht brauchen. Einen Kopf, der leicht zerstörbar ist, und Beine als Fortbewegungsmittel, über die sich jede Gazelle kaputtlacht.

Das alte Lied: In den Büchern über die Evolution fungieren diese *Weils* als Schlüssel für alle ansonsten unlösbaren Probleme. *Weil* eine Lebensform irgendetwas benötigte, entwickelte sich das entsprechende Organ. Langsam zwar – aber eben doch. Die Tatsache, dass sich bestimmte Organe nicht langsam entwickeln können, sollte eigentlich verständlich sein. Mit einem Flügel nur auf einer Seite kann ein Tier nicht fliegen. Also lässt die Evolution über Jahrhunderttausende hinweg zwei Flügel – einen auf jeder Seite des Geschöpfes – wachsen. Den Evolutionstheoretikern scheint nicht bewusst zu sein, dass sie damit auf die Information in der Zelle zurückgreifen müssen. *Weil* die Aminosäuren einen Schutzmantel brauchten, begaben sie sich in den Verband einer Zelle. *Weil* eine Zelle Energie benötigt, erzeugt sie Chlorophyll. Jedes der tausendfachen *Weils* bedeutet eine chemische Veränderung. Lebensformen wie eine Zelle verfügen über kein Gehirn. Sie wären gar nicht in der Lage, irgendwelche Wünsche, die zu sogenannten *Weils* führen, an ihre chemischen Bausteine in der Zelle weiterzugeben. Also muss irgendeine Ursache dahinterstecken, dass die Aminosäuren Sequenzen abändern. Exakt das bezeichnen namhafte Gelehrte heute als Intelligent Design.

Vor 44 Jahren lernte ich bei einem Vortrag an der ETH (Eidgenössisch-Technische Hochschule) in Zürich einen außergewöhnlichen Menschen kennen: Prof. Dr. Arthur Ernest Wilder-Smith (1915–1995). Der trug zwei Doktortitel: einen in Chemie und den zweiten in Biologie (Universität Oxford, England). Wilder-Smith war Autor von über hundert wissenschaftlichen Publikationen. Die Evolutionisten mochten ihn nicht – denn Wilder-Smith war einer von denen, die die Fronten gewechselt hatten. Ursprünglich Atheist und überzeugter Darwin-Anhänger, lernte er im Labor, dass die chemischen Bausteine in der Zelle weder einer Evolution noch irgendwelchen *Weils* gehorchten. Es musste stattdessen etwas Spirituelles dahinterstecken. Aus dem Atheisten wurde ein Christ – was ihm seine Gegner vorhielten: Er sei zum Kreationisten mutiert. Nichts als Unsinn. Wilder-Smith argumentierte sehr sachlich. Seine Beweise beruhten auf den Resultaten der Mikrobiologie und Genetik. Weder in seinen Veröffentlichungen noch in seinen Vorträgen kam ein Wort wie Jesus vor. Doch genauso wie Prof. Dr. Bruno Vollmert, Prof. Dr. Michael Behe, Prof. Dr. Chandra Wickramasinghe, Prof. Dr. Fred Hoyle und unzählige andere – von denen ich einige erwähnte – stand Wilder-Smith zu den Belegen aus seiner Forschung. Die Evolutionstheorie war falsch. Weshalb, wenn doch empirische Beweise vorliegen, dringt diese Erkenntnis nicht in die Lehrbücher? Nicht an die Öffentlichkeit? Warum wohl? Die Weichenstellung liegt immer bei der Ideologie.

Nach der Darwin'schen Meinung ist Leben Chemie. Chemie ist Materie. Leben ist also eine durch und durch materialistische Angelegenheit. Ins Ideologische übertragen ist diese Ansicht das Spiegelbild des dialektischen Materialismus. Dazu Prof. Dr. Wilder-Smith: [111]

»Eine solch materialistische Theorie hat keinen Platz für einen Begriff wie Schöpfung, kann Übernatürliches nicht dulden und hat selbstverständlich keinen Raum für eine undefinierbare Macht. Darwinismus ist die Basis ihrer Naturwissenschaft und auch die Basis ihrer ganzen Weltanschauung, sei sie ökonomisch oder politisch.«

In einer rein materialistischen Welt gibt es auch nirgendwo ein spirituelles Wesen – einen sogenannten Gott oder Intelligent Design –, das Rechenschaft fordert. Ein Wesen, das Gut und Böse verurteilt oder belohnt. Also ist es in dieser Denkweise keineswegs verwerflich, Millionen von Menschen umbringen zu lassen. Die Mörder werden schließlich nie und von niemandem zur Rechenschaft gezogen, und sie glauben sogar, ihre Taten seien »gut« – sie dienen der Ideologie. So geschehen im Kommunismus bei Stalin (1878–1953), Mao Tse-tung (1893–1976) und Pol Pot (1925–1998) bis in die Gegenwart. Die Rede ist von 100 Millionen Todesopfern aus ideologischen Gründen. [112]

Die Evolutionisten glauben – und ich meine wirklich den Sinn des Wortes »glauben« –, ihre Theorie sei bewiesen und damit jede weitere Forschung unnötig. Ockhams Rasiermesser lässt kein Haar mehr übrig. Tatsächlich aber sind die fossilen Belege für eine Abstammung des Menschen von Affenartigen mehr als dürftig und zudem angreifbar. In einem früheren Buch [10] wies ich darauf hin, dass die Eiweißstruktur der Menschenaffen und mit unserer nicht kompatibel ist. Unsere Gene sollen zu 99 Prozent identisch mit denen von Schimpansen sein – nicht aber die Eiweiße. Zum Vergleich: Die Abweichungen der Eiweiße bei zwei Froscharten sind 50 Mal größer als diejenigen bei Mensch und Schimpanse. Prof. Dr. Allan C. Wilson und seine Kollegin Mary-Claire King, beide Biochemiker an der University of California, USA, die diese Abweichungen der Eiweiße bewiesen, meinten: [113]

»Es muss einen bisher unentdeckten, überdies sehr viel wirksameren Evolutionsmotor gegeben haben als bisher bekannt.«

So ist es – wird aber nicht zur Kenntnis genommen. Und im Mai 2004 informierte die Biochemikerin Dr. Marie-Laure Yaspo vom Max-Planck-Institut für molekulare Genetik in Berlin die Öffentlichkeit darüber, dass die Unterschiede zwischen Mensch und Schimpanse doch erheblich größer seien als bisher angenommen. Zitat: [114]

»Bisher ging man davon aus, dass Mensch und Schimpanse sich in ihrem Erbgut nur geringfügig unterscheiden. Doch jetzt hat ein Team von Wissenschaftlern aus Deutschland, China, Japan, Korea und Taiwan beim direkten Vergleich des Schimpansenchromosoms 22 mit seinem menschlichen Gegenstück, dem Chromosom 21, festgestellt, dass im menschlichen Genom fast 68 000 Basenabschnitte verändert, also entweder hinzugekommen oder verloren gegangen sind … Rechnet man diese Differenzen auf das ganze Genom hoch, könnten sich Affe und Mensch in mehreren Tausend Genen unterscheiden.« Das internationale Gelehrtenteam hält zudem fest, »dass sich die Aminosäuresequenz der von den 231 entdeckten Proteinen bei Mensch und Affe zu 83 Prozent unterscheidet«.

Eigentlich müssten diese Resultate ausreichen, um einen Aufschrei in der Phalanx der Evolutionisten auszulösen. Es geschieht allerdings gar nichts. Man vernimmt nur gähnendes Schweigen. Dabei existieren inzwischen über hundert Bücher mit überzeugenden Argumenten gegen Darwins Lehre. Der bisherige »Glaube« entpuppt sich als Irrlehre, und ich weiß sehr wohl, weshalb.

In meinen beiden ersten Büchern, erschienen vor über 50 Jahren (!), wies ich auf einen außerirdischen Einfluss in Bezug auf unsere Evolution hin. [115, 116] Die Erde war nie ein geschlossenes System. »Irgendwer« hatte stets ein Interesse daran, mitzumischen. Neben den natürlichen Veränderungen, entstanden etwa durch Strahlungen oder Chemikalien, kam es seit der Entstehungsgeschichte der Menschheit immer wieder zu künstlichen Mutationen, zu gezielten Eingriffen von außen. Da unsere steinzeitlichen Vorfahren definitiv weder Genforschung betrieben noch fähig waren, den genetischen Code abzuändern, blieben nur Außerirdische – genau das, was heute mit Intelligent Design umschrieben wird. Inzwischen ist das Thema von unzähligen Forschern und Autoren aufgegriffen worden – doch nur wenige haben die Courage zu bekennen, woher ihre ursprünglichen Ideen eigentlich stammen. Insbesondere in den USA erschienen Bücher von hervorragender Qualität, etwa *The Anunnaki Connection* von der Archäologin und Historikerin Dr. Heather Lynn [117] oder das über 600 Seiten umfassende Werk *Humans are not from Earth* des Ökologen Dr. Ellis Silver. [118] Er greift ein paar Tatsachen auf, die jedermann stutzig machen müssten. Nachfolgend einige Beispiele:

Alle Tierarten auf der Erde benötigen Wasser. Ohne Wasser kein Leben. Sämtliche Arten, vom Käfer und Löwen über die Giraffe bis hin zum Hamster, lecken auch unhygienisches Wasser. Wer kennt nicht die Schweine, die an jeder Pfütze trinken? Die irdischen Lebensformen haben sich an das unsaubere, von Bakterien durchseuchte Wasser angepasst. Nicht aber wir Menschen. Wir müssen verseuchtes Wasser abkochen. Unsauberes Wasser verursacht Durchfall, Erbrechen und kann zum Tode führen.

Nach der Darwin'schen Lehre stammt der Vormensch ursprünglich aus Afrika. Dort lebten auch Großtiere wie Löwen, Panther, Gorillas oder Krokodile. Sie alle sind für die Jagd besser ausgerüstet als der Mensch. Im Kampf reagieren sie blitzschnell, ihr Gebiss besteht aus Reißzähnen, und ihre Haut ist durch einen Panzer oder ein dickes Fell geschützt. Und inmitten dieser Welt sollen wir uns langsam als »the fittest« entwickelt haben? Dabei würden wir jeden Kampf gegen diese Urtiere verlieren.

Als Wesen, die sich über Jahrmillionen an diesen Planeten angepasst haben, müssten wir sämtliche Nahrungsmittel der Erde vertragen – soweit sie ungiftig sind. Das tun wir aber nicht. Wir essen nur wenige Gemüsearten, wie sie original von der Natur produziert werden. Tiere fressen das Originalprodukt, *unser* Magen hingegen hat Probleme, bestimmte Gemüsearten roh zu verdauen. Deshalb züchten wir seit Urzeiten Getreide oder Mais, um es für uns genießbar zu machen. Wir kochen die Mahlzeiten und braten das rohe Fleisch – nichts davon tun die auf der Erde lebenden und perfekt an ihre Umgebung angepassten Tiere. Selbst Grundnahrungsmittel wie Reis oder Kartoffeln können wir roh nicht verzehren. Weshalb kamen die Steinzeitmenschen überhaupt auf die Idee, derartige Nahrungsmittel anzubauen, wenn sie doch nichts vom Kochen wussten? Unzählige Menschen leiden an Intoleranzen in Bezug auf Getreidearten, Gluten oder Kuhmilch. Von Anpassung keine Spur. Übrigens waren es die »Götter«, die den Menschen beibrachten, Nahrungsmittel zu züchten (dies belegte ich in mehreren Büchern). Zudem gibt es Pflanzenarten auf der Erde, von denen wir keine Urform nachweisen können. Sie sind einfach plötzlich da gewesen. Die Banane oder der Mais gehören dazu. Mich wundert das nicht. Nach den jeweiligen lokalen Überlieferungen brachten »die Götter« sowohl den Reis als auch den Mais auf die Erde. Wenn wir demnächst zum Mars aufbrechen, werden wir auch irdische Gewächse und die Samen unterschiedlicher Nahrungsmittel dorthin mitnehmen.

Seit Jahrmillionen scheint die Sonne. Es wäre wohl das Selbstverständlichste, dass wir uns daran angepasst haben. Haben wir aber nicht. Sonnenlicht kann für uns tödlich sein. Man denke nur an den Sonnenbrand oder den Hautkrebs. Es stimmt übrigens nicht, dass Menschen mit dunkler Hautfarbe keinen Krebs bekommen. Sie leiden genauso oft darunter wie die Weißen. »Die Evolution« verpasste den Tieren ein dickes Fell, einen Panzer oder Federn – eine natürliche Abwehrschicht gegen die ultravioletten Strahlen. Nur uns, die »am besten Angepassten«, ließ sie im Stich.

Seit 300 000, bestenfalls 400 000 Jahren soll der Vormensch aufrecht gehen. Angeblich, weil ihm dies einen Vorteil verschaffte. Purer Unsinn. Ein Tier mit vier Beinen bewegt sich viel schneller als wir. Und sich aufrichten, um einen größeren Überblick zu bekommen, können auch Vierbeiner.

Menschen haben unterschiedliche Hautfarben. Gemäß der Evolutionslehre soll diese unterschiedliche Pigmentierung aufgrund solarer Einflüsse entstanden sein. Ursprünglich waren die Menschen weiß, dann schwarz, dann wieder weiß. Dies dokumentiert der britische Evolutionsbiologe Prof. Dr. Sir Mel Greaves. [119] Greaves ist Immunologe und Professor für Zellbiologie an der Universität London. Er vertritt die Meinung, die während der Anpassung haarlos gewordenen Menschen seien an Hautkrebs gestorben. Die heiße Sonne Afrikas habe nur die dunkleren Hautfarben überleben lassen. Diejenigen Menschen, die das heiße Klima verließen, seien dann prompt wieder weiß geworden. Dazu vermerkt der geistreiche Armin Risi in seinem Buch *Evolution*: [120]

»Aber die weiß-, gelb-, braun- und rothäutigen Menschen sind nicht einfach bleiche Afrikaner, sondern eigene Menschentypen. Außerdem ist das Klima in großen Teilen Europas und Asiens gleich.«

Der Mensch ist die einzige Lebensform auf der Erde, die spricht. Kommunikation gehört zum Begriff Sprache, doch die Sprache ist mehr als nur Kommunikation. Tiere kommunizieren, sie tauschen bestimmte Informationen aus. Etwas Ähnliches geschieht auch im Pflanzenreich. In seinem Werk *Das geheime Leben der Bäume* belegt Peter Wohlleben [121] eine Kommunikation von Pflanzen untereinander und sogar ganzer Systeme wie etwa von Wäldern. Pflanzen warnen sich gegenseitig vor Fressfeinden – aber sie sprechen nicht. Bevor zwei Lebewesen miteinander sprechen können, müssen sie sich einig sein, dasselbe zu meinen. Sprache ist mehr als irgendwelche Zeichen oder Gesten, ist mehr als Farben oder Klänge, ist auch mehr als eine Schwingung wie beispielsweise Radiowellen. Dasselbe gilt für Gesten. Was bedeutet eine erhobene, offene Hand? Freundschaft? Friede? Oder eine Warnung? Mit Kopfnicken meinen wir Zustimmung. Es soll aber auf irgendeiner Südseeinsel Menschen geben, die mit Kopfnicken Nein meinen und mit Kopfschütteln Ja signalisieren. Selbst der »Stinkefinger« wird nicht einheitlich verstanden. Noch komplizierter ist die Sprache. Um mit jemandem sprechen zu können, müssen beide Teile dieselbe Sprache beherrschen. Auf der Erde unterhalten sich die Menschen in über 6500 verschiedenen Sprachen, Dialekte nicht eingerechnet. Wenn ich dem Wortgemisch eines Chinesen zuhöre, aber seine Sprache nicht beherrsche, nehmen meine Ohren gerade einmal den Singsang von Lauten auf, können damit aber nichts anfangen. Sprache ist präzise Information. Woher kommt sie?

Nachdem der biblische Gott den Menschen erschaffen und dieser sprechen gelernt hatte, gab der Mensch »allem Vieh und allen Vögeln des Himmels und allen Tieren des Feldes Namen«. (1. Mos. Kap 2, Vers 19 ff.) Ein Baum ist nicht dasselbe wie ein Busch oder Ast und ein Löwe nicht dasselbe wie ein Nilpferd.

Damals – so überliefert es das Alte Testament, »hatte aber alle Welt einerlei Sprache und einerlei Worte«. (1. Mos. 11, 1) Im heiligen *Koran* der Muslime, zweite Sure, Vers 32 steht: »Daraufhin lehrte er Adam die Namen von allem Sein, zeigte alles den Engeln und sprach: ›Nennet mir die Namen dieser Dinge, wenn ihr recht habt.‹«

Dasselbe findet sich in den Entstehungsmythen der Menschheit. Nachdem irgendein »Gott« die Menschen nach seinem Ebenbild erschaffen hatte, brachte er ihnen das Sprechen bei (siehe dazu Quelle 10, dort ab Seite 127). Der griechische Historiker Diodor von Sizilien, der im ersten vorchristlichen Jahrhundert lebte und Verfasser einer 40-bändigen *Historischen Bibliothek* war, berichtete auch über die »Urmenschen«. [122] Die hätten zuerst in einem »halbtierischen Zustand« gelebt und sich nur zusammengerottet, wenn sie von wilden Tieren angegriffen worden seien. Ihre Sprache habe aus einem »Brei von Lauten« bestanden. Dann seien die Götter gekommen, und die hätten dem Menschen die Sprache beigebracht, sodass er jetzt »vieles mit Namen belegen konnte, wofür es vorher keinen Ausdruck gab«. In Ägypten brachte Gott Thot den Menschen das Sprechen bei, und im babylonischen *Gilgamesch-Epos* – auf das ich noch zurückkomme – schenkte ein Gott den Menschen »die zuverlässige Rede«. (Tafel VII, 17)

Eine technische Gesellschaft ist ohne Sprache unmöglich. Schon ein Rädchen ist nicht dasselbe wie ein Rad oder ein Zahnrad. Sprengstoff kann zwar in Pulverform existieren, ist aber weder Mehl noch Sand oder Staub, genauso wie Speichel etwas Feuchtes ausdrückt, aber kein Wasser ist. Technologien lassen sich ohne sehr präzise Worte nicht beschreiben, Mathematik noch weniger. Man versuche einmal, einen Konstruktionsplan einer Uhr ohne exakte Ausdrücke in einer Beschreibung weiterzugeben oder die Umlaufbahn eines Satelliten durch unser Sonnensystem ohne präzise Mathematik berechnen zu wollen.

In einem bemerkenswerten Beitrag für die Zeitschrift *Sagenhafte Zeiten* behandelte Studiendirektor Peter Fiebag das Rätsel um die Entstehung der Sprache. [123] Unter den Millionen von Lebensformen auf der Erde ist der Mensch die einzige Spezies, die die Voraussetzungen für die Sprache besitzt. Weder Käfer noch Kühe, auch nicht unsere Verwandten, die Affenartigen, verfügen über den ungewöhnlichen Kehlkopf, ohne den eine Sprache nicht umsetzbar ist. Es geht um den »Stimmtrakt oberhalb des Kehlkopfes, um die Rachen-, Mund- und Nasenhöhle«. Sämtliche Primaten besitzen keinen Stimmtrakt. »Einen solchen ›Apparat‹ besitzt nur der Mensch.« Fiebag hält fest, dass Schimpansen diese Voraussetzung so wenig besitzen wie andere Affen oder gar andere Tiere. Eigentlich seltsam. Nach der Darwin'schen Logik müsste sich der gesamte Sprechapparat langsam entwickelt haben. Zumindest unsere nächsten Vorfahren sollten wenigstens ansatzweise Veranlagungen zur Sprache haben. Haben sie aber nicht. Fiebag: »Logischerweise müssten wir hier einen ›Entwicklungshelfer‹ voraussetzen, der genau dieses Ziel kannte.«

Exakt darum geht es. Dabei ist *ein* Gedanke quer durch die Menschheitsgeschichte sehr entscheidend: die Jungfrauengeburt. Mit der sogenannten unbefleckten Empfängnis wird eine Befruchtung von *außen* – ob man es jetzt Engel oder ETs nennt – beschrieben. Nicht nur in den religiösen Schriften, in denen jeder außergewöhnliche Mensch auf eine himmlische Abstammung verweist, sondern auch in den historischen Texten. Das beginnt schon im über 5000 Jahre alten *Gilgamesch-Epos*, das auf die Sumerer zurückgeht. Gilgamesch – der Held der Geschichte – ist zu einem Teil Mensch und zu zwei Teilen göttlich. [124]

Weiter geht's zu den 1947 am Toten Meer gefundenen Schriftrollen. Dazu gehört auch die Lamech-Rolle. Dort erfährt man, dass Bat-Enosch, die Frau von Lamech, durch einen der »Wächter des Himmels« künstlich befruchtet wurde. Das Knäblein, das sie gebar, war Noah, [125] unser aller Stammvater nach der Flut. Die nächste »Himmelsgeburt« erfolgte mithilfe von Sopranima. Sie war die Frau von Nir und der wiederum ein Bruder von Noah. Die Schriftrolle berichtet, wie die unfruchtbare Sopranima eines Tages einen Buben zur Welt brachte, der den Namen Melchisedech erhielt. Der wurde zum sagenhaften Priesterkönig der Stadt Salem. Dabei wird ausdrücklich darauf hingewiesen, es sei »ein Engel des Himmels« gewesen, der den Samen in die Gebärmutter von Sopranima gepflanzt habe, »ohne sie sexuell zu verführen«. [126]

Nicht anders im fernen Kolumbien. Dort lebt der Stamm der Kagaba. Eine zu ihm gehörende unfruchtbare Frau wurde von einem der »himmlischen Brüder« befruchtet. Der Junge, den sie zur Welt brachte, trug den Namen Mulkueikai, und der wurde zum Stammvater des neuen Geschlechts. [127]

Das geht so weiter durch Kontinente und Zeiten. Im *Buch Mormon*, der heiligen Schrift der Mormonen, erfährt man die Stammesgeschichte der Jarediten. Jared bedeutet »der Herabgestiegene«, und deshalb leiten die Jarediten ihren Stamm aus einer göttlichen Linie ab. [128]

Alexander der Große (356–323 v. Chr.) soll durch einen »Blitzstrahl« gezeugt worden sein, und der Assyrerkönig Assurbanipal (687–627 v. Chr.) war ein Sohn der Göttin Ischtar. Schon rund 1000 Jahre vor ihm wurde die Mutter des akkadischen Königs Hammurabi (1728–1686 v. Chr.) von einem »Sonnengott« geschwängert, und die Religionsbegründer Buddha oder Zarathustra sind genauso durch einen »göttlichen Strahl« im Leibe ihrer jeweils jungfräulichen Mutter entstanden.

Egal auf welchem Kontinent und in welcher Kultur – China, Zentralamerika, Nord- und Südamerika, Japan, Naher und Ferner Osten – und egal zu welcher Zeit: Der japanische Urkaiser namens Jimmu-Tenno war genauso ein Abkömmling »der Himmlischen« wie der Begründer des tibetischen Reiches, Gesar. Die Leitfiguren verwiesen stets auf ihre himmlische Abstammung. Jetzt mag ja einiges erfunden sein, weil jeder Chef etwas Besonderes sein musste – sonst zollte man ihm keinen Respekt. Doch Henoch – über den ich schon viele Seiten schrieb [129] – nennt sogar die Namen jener »Wächter des Himmels«, die auf die Erde herabstiegen und es mit hübschen Menschentöchtern trieben. Und wer kennt nicht die Aussagen im 1. Buch Moses, Kapitel 6?

»Als aber die Menschen anfingen, sich auf der Erde zu mehren, … sahen die Gottessöhne, dass die Töchter der Menschen schön waren, und sie nahmen sich zu Weibern, welche sie nur wollten.«

Die Aussagen sind eindeutig. Was verwirrt, sind die Zeiten. Irgendwelche »Götter« sollen quer durch die Jahrzehntausende hindurch Menschenfrauen geschwängert haben? Geht das überhaupt? Waren die Außerirdischen während der gesamten Entstehungszeit des Menschen bis heute anwesend – oder kehrten sie periodisch auf die Erde zurück? Weshalb? Ein kleiner Schlenker zu einer Tierart macht das Unmögliche denkbar:

Auf der Erde leben circa 4000 Fliegenarten, darunter auch die Eintagsfliegen (*Ephemeroptera*; aus dem Griechischen *ephemeros* = eintägig und *pteron* = Flügel). Die erwachsenen Tiere existieren 1 bis höchstens 4 Tage, andere nur einige Stunden, die *Oligoneuriella rhenana* sogar nur 40 Minuten. Die Fliegen sind wertvolle Datenlieferanten für genetische Versuche. Weshalb? Wenn eine Fliege nur eine Stunde lebt, hat die Art in 24 Stunden 24 Generationen hinter sich. Damit lassen sich aufschlussreiche Studien betreiben. Wie viele Generationen braucht es, bis sich die Gene verändern? Etwa durch Strahlung oder eine einseitige Nahrung? Vererben sich bestimmte Verhaltensmuster auf die nächsten Generationen? Wird sich die fünfzigste Generation wieder zurückentwickeln, wenn sie nicht mehr in Käfigen lebt? Um einfacher rechnen zu können, nehme ich als Beispiel eine Fliegenart, die nur einen Tag lebt. Nach einem Jahr hat ihre Art also 365 Generationen hinter sich, nach 5 Menschenjahren sogar 1826 Generationen. Für uns ein Klacks – für die Fliegen gigantische Epochen. In einem Versuchslabor, in dem Menschen 15 Jahre tätig sind, könnten sie also über 5400 Fliegengenerationen beobachten. Angenommen, ein Mensch würde durchschnittlich 40 Jahre alt und irgendwer könnte die Menschen während 5400 Generationen beobachten, dann ergäbe sich eine Beobachtungszeit von 216 000 Jahren (5400 x 40 = 216 000).

Wie war das mit diesen »Göttern« in den Religionen des Buddhismus oder der Jainas, die jahrzehntausendelang lebten und immer wieder auftauchten? Wie war das mit den unmöglichen Daten auf der sumerischen Königsliste? 456 000 Jahre. Oder dem Maya-Gott Bolon Yokte, der sich vor 931 449 Jahren erstmals zeigte? Wie war das mit dem Knabenkönig Pakal, der gar vor 1 274 654 Jahren auf der Erde Hof hielt?

Im Verhältnis zu den »Göttern« sind *wir* die Eintagsfliegen. Wir betrachten unsere Lebensspannen als Maß aller Dinge. Wir haben keine Ahnung, welche Lebensalter Außerirdische erreichen. Zudem könnten ETs ihre Leben ins Unendliche verlängern – und sei es nur durch Flüge im Weltall mit sehr hohen Geschwindigkeiten. Für die Besatzung an Bord des Raumschiffes vergeht viel weniger Zeit als für die Wesen auf dem Startplaneten. Dies ergibt sich aus Einsteins Relativitätstheorie. Diese Zeitverschiebungseffekte sind heute auch im Experiment klipp und klar bewiesen.

Außerirdische haben sich seit Jahrzehntausenden mit den Menschen vermischt. Weshalb? Sie wollen ihre Art ausbreiten. Sie wollen ihre Gene weitergeben. Zuerst schufen sie den Menschen »nach ihrem Ebenbild«, dann achteten sie darauf, dass die menschliche Spezies nicht verkümmert, sondern sich stetig weiterentwickelt. Mit ihrer genetischen Botschaft in uns entwickeln wir uns zum »Homo technicus«, der demnächst Raumschiffe in die Weiten des Universums schickt. Wir alle sind längst keine reinen irdischen Wesen mehr. Und seit der Entdeckung der Lamech-Rolle (Noah als Produkt der »Wächter des Himmels«) sollten wir es eigentlich begriffen haben, und die neue Erkenntnis müsste uns glücklich und stolz machen. Wir sind *mehr* als bloß »Erdentiere«, *mehr* als nur die zufällige Abstammung von einer Affenart. Die »unmöglichen« Mutationen, die zum »Homo technicus« führten, *waren* keine Zufälle, weder die Entstehung der Sprache noch die Abänderungen der chemischen Basen im DNS-Molekül. Alles verlief gezielt, und unsere blitzgescheiten Genetiker könnten dies leicht beweisen – wenn sie denn die Resultate ihrer Forschungen publizieren dürften. Intelligent Design ist die Botschaft der fremden Gene in uns.

Bei dieser Betrachtungsweise wird auch verständlich, weshalb wir Menschen Probleme mit bestimmten Nahrungsmitteln haben. Es wird verständlich, weshalb wir – im Gegensatz zu den Tieren – nur sauberes Wasser vertragen. Es wird verständlich, weshalb wir zartgliedriger sind als Löwen oder Krokodile. Weder mit den Krallen eines Löwen noch mit denen eines Krokodils könnten wir einen Computer bedienen. Es wird verständlich, weshalb wir aus dem Wasser *mussten* – unter Wasser wäre die Erfindung der Elektrizität nicht möglich, und damit würde es nie Computer geben. Es wird verständlich, weshalb wir keine intensive Sonnenbestrahlung aushalten – wir sind *nicht nur* von dieser Erde. Und es wird auch verständlich, weshalb sich die Menschen *in unserer Zeit* immer mehr verändern. Sie erfinden den Supercomputer und die künstliche Intelligenz. Sie lernen, das rein Materialistische abzulehnen und etwas zu akzeptieren, das lange und verpönt »Gott« genannt wurde. Denn fremde Einspeisungen in unser Genom finden auch heute statt. Wie bitte?

In mehreren Büchern belegte ich die Existenz von UFOs. Wer nichts Vernünftiges darüber weiß, sollte zumindest Kapitel 2 meines Buches *Botschaften aus dem Jahr 2118* lesen. [10] Dann begreift er den Umfang der Geheimniskrämerei um diese Dinger und lernt auch führende Persönlichkeiten aus Politik, Wissenschaft und Militär kennen, die sich eindeutig zu den UFOs äußerten. Auf Seite 49 desselben Buches griff ich auch das Thema der Entführungen von Menschen durch ETs auf. Mir war immer bewusst, wie »bescheuert« nur schon allein der Gedanke daran ist. Von Außerirdischen entführt? Lächerlich! Ich selbst wollte jahrelang nichts von diesem Unfug wissen, bis ich mich eines Besseren belehren lassen musste. Beispielsweise durch Prof. Dr. John Mack von der Harvard University (Cambridge, Massachusetts, USA). Das Resultat? *Es gab und gibt* Entführungen von Menschen durch ETs. Es *gab und gibt* genetische Eingriffe von Außerirdischen an Menschen. Hier und heute. Die Beweise dafür sind nicht die Aussagen von verängstigten Menschen, die ein voreiliger Psychiater als Psychopathen einstufen könnte – die Beweise sind knallhart und empirisch: Implantate. Derartige Implantate wurden durch die Methode der Computertomografie im menschlichen Körper entdeckt und herausoperiert. Ob es uns passt oder nicht. (Die Quellen dazu finden Sie in *Botschaften aus dem Jahr 2118*.)

Kapitel 4

Wo sind die Fossilien?

Eigentlich müsste es von Fossilien wimmeln. Unabhängig davon, ob die Darwinisten oder ihre Kontrahenten recht haben. Die wenigen Spuren, die die Gegner der Evolutionstheorie vorlegen – Abdrücke von Schuhen oder menschliche Fußspuren in derselben geologischen Schicht, in der sich auch die Saurierabdrücke befinden –, reichen nicht aus. Dasselbe gilt für einen langsamen Übergang vom Affenartigen zum Menschen. Ihre Gebeine müssten allgegenwärtig sein. Schließlich sind Menschen und Affen quer durch die Jahrmillionen gestorben. Wieso haben sich ihre Knochen in Luft aufgelöst?

Nicht in Luft – aber im Wasser. Die Erzählungen über eine oder mehrere Fluten in der Erdgeschichte sind weltumspannender Natur. (Ich schrieb bereits früher ausführlich darüber. [106]) Der Alltagsmensch mag die Geschichte von Noah und seiner Arche gehört haben – aber – Hand aufs Herz! – ausführlich gelesen hat sie kaum jemand. Dasselbe gilt für das *Gilgamesch-Epos*. Keiner meiner Bekannten weiß, was dort tatsächlich über die Flut steht. Deshalb betreibe ich hier Nachhilfeunterricht und zitiere drei der ältesten Flutgeschichten ausführlich. Sie vermitteln einen höchst verblüffenden Einblick in ein fürchterliches Ereignis der frühen Menschheitsgeschichte. Zudem belegen sie: Da war doch noch etwas, das einiges über die fehlenden Fossilien aussagt. Zuerst einmal möchte ich die Leser zu einer Geschichte aus der *Bibel* einladen, die ich wörtlich wiedergebe. [130] Sie werden das Staunen wieder lernen. (1. Mos. Kap. 6/9 ff.)

Dies ist die Geschichte Noahs: Noah war ein frommer Mann, unsträflich unter seinen Zeitgenossen, mit Gott wandelte er … (13) Da sprach Gott zu Noah: Das Ende allen Fleisches ist bei mir beschlossen; denn die Erde ist voller Frevel von den Menschen her. So will ich sie denn von der Erde vertilgen. (14) Mache dir eine Arche von Tannenholz: aus lauter Zellen sollst du die Arche machen, und verpiche sie inwendig und auswendig mit Pech. (15) Und so sollst du sie machen: Dreihundert Ellen sei die Länge der Arche, fünfzig Ellen ihre Breite und dreißig Ellen ihre Höhe; (16) nach der Elle sollst du sie fertigstellen. Ein Dach aber sollst du oben an der Arche machen, und die Türe der Arche sollst du an der Seite anbringen. Ein unteres, ein zweites und ein drittes Stockwerk sollst du drin machen. (17) Ich aber lasse jetzt die Sintflut über die Erde kommen, um alles Fleisch, das Lebensodem in sich hat, unter dem Himmel zu vertilgen; alles, was auf Erden ist, soll hinsterben. (18) Aber mit dir will ich einen Bund aufrichten: du sollst in die Arche gehen, du und deine Söhne und dein Weib und deine Schwiegertöchter mit dir. (19) Und von allen Tieren, von allem Fleisch, sollst du je ein Paar in die Arche führen, um sie bei dir am Leben zu erhalten; ein Männchen und ein Weibchen soll es sein. (20) Von jeder Art der Vögel und des Viehs. Und alles dessen, was auf Erden kriecht, von allem soll je ein Paar zu dir hineingehen, um am Leben zu bleiben. (21) Du aber nimm dir von jeglicher Speise, die man isst, und lege dir einen Vorrat an, damit er dir und ihnen zur Nahrung diene. (22) Und Noah tat es; ganz wie ihm Gott geboten hatte, so tat er.

(Kap. 7, Vers 1) Und der Herr sprach zu Noah: Gehe in die Arche, du und dein ganzes Haus; denn dich habe ich gerecht vor mir erfunden unter diesem Geschlechte. (2) Nimm dir von allen reinen Tieren je sieben, Männchen und Weibchen, von den unreinen Tieren aber je ein Paar, ein Männchen und ein Weibchen, (3) auch von den Vögeln des Himmels je sieben, Männchen und Weibchen, damit auf der ganzen Erde Nachwuchs am Leben bleibe. (4) Denn nach sieben Tagen will ich regnen lassen auf die Erde, vierzig Tage und vierzig Nächte lang, und will alle Wesen, die ich gemacht habe, vom Erdboden vertilgen. (5) Und Noah tat ganz wie ihm der Herr geboten hatte. (6) Noah aber war sechshundert Jahre alt, als die Sintflut über die Erde kam. (7) Und Noah ging mit seinen Söhnen und mit seinem Weibe und seinen Schwiegertöchtern vor den Wassern der Sintflut in die Arche. (8) Von den reinen und von den unreinen Tieren, von den Vögeln und von allem, was auf Erden kriecht, (9) ging je ein Paar, ein Männchen und ein Weibchen zu Noah in die Arche, wie Gott ihm geboten hatte.

(10) Und nach den sieben Tagen kamen die Wasser der Sintflut über die Erde. (11) Im sechshundertsten Lebensjahr Noahs, am siebzehnten Tage des zweiten Monats, an diesem Tage brachen alle Brunnen der großen Urflut auf, und die Fenster des Himmels öffneten sich. (12) Und der Regen strömte auf die Erde, vierzig Tage und vierzig Nächte lang. (13) An eben diesem Tage ging Noah mit seinen Söhnen Sem, Ham und Japhet, mit seinem Weibe und seinen drei Schwiegertöchtern in die Arche; (14) sie und alle die verschiedenen Arten des Wildes und des Viehs, und alles dessen, was auf Erden kriecht, und auch der Vögel, alles dessen, was fliegt, was Flügel hat: (15) sie gingen zu Noah in die Arche, je zwei von allem Fleische, das Lebens-

odem in sich hatte. (16) Und die hineingingen, waren je ein Männchen und ein Weibchen von allem Fleische, wie Gott geboten hatte. Und der Herr schloss hinter ihm zu.

(17) Da kam die Sintflut über die Erde, vierzig Tage lang, und die Wasser wuchsen und hoben die Arche, und sie schwamm hoch über der Erde. (18) Und die Wasser nahmen mächtig überhand und wuchsen gewaltig über die Erde, und die Arche fuhr auf den Wassern dahin. (19) Und die Wasser wurden immer mächtiger über der Erde, sodass alle hohen Berge unter dem ganzen Himmel bedeckt wurden. (20) Fünfzehn Ellen stiegen die Wasser darüber hinaus, sodass die Berge bedeckt wurden. (21) Da starb alles Fleisch dahin, das sich auf Erden regte, an Vögeln, an Vieh, an Wild und allem, was auf der Erde wimmelte, auch alle Menschen. (22) Alles, was Lebensluft atmete, was auf dem Trockenen war, das starb. (32) So vertilgte er alle Wesen, die auf dem Erdboden waren: die Menschen sowohl als das Vieh, das Kriechende und die Vögel des Himmels, die wurden vertilgt von der Erde; nur Noah blieb übrig und was mit ihm in der Arche war. (24) Und die Wasser nahmen zu auf der Erde, 150 Tage lang.

(Kap. 8, Vers 1) Da gedachte Gott des Noah und all des Wildes und des Viehs, das bei ihm in der Arche war. Und Gott ließ einen Wind über die Erde wehen und die Wasser sanken; (2) und es schlossen sich die Brunnen der Urflut und die Fenster des Himmels. Dem Regen vom Himmel ward gewehrt, (3) und die Wasser verliefen sich nach und nach von der Erde. So nahmen die Wasser ab nach den 150 Tagen (4) und am siebzehnten Tage des siebenten Monats ließ sich die Arche auf den Bergen von Ararat nieder. (5) Die Wasser aber sanken noch weiter bis zum zehnten Monat; am ersten Tage des zehnten Monats wurden die Spitzen der Berge sichtbar. (6) Nach Verlauf von vierzig Tagen aber öffnete Noah das Fenster der Arche, das er gemacht hatte, (7) und ließ den Raben ausfliegen; der flog hin und her, bis die Wasser auf Erden vertrocknet waren. (8) Da wartete Noah sieben Tage; dann ließ er die Taube ausfliegen, um zu sehen, ob sich die Wasser vom Erdboden verlaufen hätten. (9) Da aber die Taube keine Stätte fand, wo ihr Fuß ruhen konnte, kam sie wieder zu ihm in die Arche; denn noch war Wasser auf der ganzen Erde. Da streckte er seine Hand aus, fasste sie, und nahm sie zu sich herein in die Arche. (10) Hierauf wartete er noch weitere sieben Tage; dann ließ er die Taube abermals aus der Arche fliegen. (11) Die kam um die Abendzeit zu ihm zurück, und siehe da, sie trug ein frisches Ölblatt in ihrem Schnabel. Da merkte Noah, dass sich die Wasser von der Erde verlaufen hatten. (12) Dann wartete er noch weitere sieben Tage und ließ die Taube ausfliegen; sie kam aber nicht wieder zu ihm.

(13) Im 601. Lebensjahre Noahs, am ersten Tage des ersten Monats, waren die Wasser auf Erden versiegt. Da tat Noah das Dach von der Arche und siehe da, der Erdboden war trocken geworden. (14) Am 27. Tage des zweiten Monats war die Erde ganz trocken. (15) Da redete Gott mit Noah und sprach: (16) Geh aus der Arche, du und dein Weib und deine Schwiegertöchter … (20) Noah aber baute dem Herrn einen Altar; dann nahm er von allen reinen Tieren und von allen reinen Vögeln und brachte Brandopfer auf den Altar. (21) Und der Herr roch den lieblichen Duft und sprach bei sich selbst: ich will hinfort nicht mehr die Erde um des Menschen willen verfluchen; ist doch das Trachten des menschlichen Herzens böse von Jugend auf. Und ich will hinfort nicht mehr schlagen, was da lebt, wie ich getan habe. (22) Solange die Erde steht, soll nicht aufhören Saat und Ernte, Frost und Hitze, Sommer und Winter, Tag und Nacht.

(Kap. 9, Vers 1) Und Gott segnete Noah und seine Söhne und sprach zu ihnen: Seid fruchtbar und mehret euch und füllet die Erde. (2) Furcht und Schrecken vor euch komme über alle Tiere der Erde, über alle Vögel des Himmels, über alles, was auf der Erde kriecht, und über alle Fische im Meer: in eure Hand sind sie gegeben. (3) Alles, was sich regt und lebt, das sei eure Speise; wie das Kraut, das Grüne, gebe ich euch alles …

Eine fantastische Geschichte, die so gar nicht zu den Vorstellungen von einem »Allmächtigen Gott« passen will. Der schafft Himmel und Erde, Pflanzen, Tiere und den Menschen, »und sah alles an, was er gemacht hatte, und siehe, es war sehr gut«. (1. Mos. 1, 31) Kurz darauf aber »reute es den Herrn, dass er den Menschen geschaffen hatte, und es bekümmerte ihn tief«. (1. Mos. 6, 6) Und er entschied, seine eigene Schöpfung wieder zu vernichten. Göttlich? Am Ende der Geschichte schließt er immerhin einen Bund mit Noah und seinen Nachkommen. Er wolle, verspricht er, die Erde »um des Menschen willen nicht mehr verfluchen« und Saat und Ernte, Frost und Hitze, Sommer und Winter, Tag und Nacht sollen »nicht mehr aufhören, solange die Erde steht«. Darüber dürften sich allerdings unsere Klimahysteriker weniger freuen. Was maßt sich dieser »Gott« nur an? »Frost und Hitze, Sommer und Winter« sollen Jahr für Jahr wiederkommen – und dies ohne das Zutun der Menschen! Welche Zumutung!

Was melden die anderen jahrtausendealten Flutüberlieferungen?

Aus dem vorletzten Jahrhundert stammt eine Sammlung von Flutsagen, zusammengetragen von dem Ethnologen Richard Andree (1835–1912). [131] Darunter jene der Chaldäer, bei denen es sich um ein semitisches Volk handelte, das im südlichen Mesopotamien lebte. Ihre Schriften reichen bis ins zweite Jahrtausend v. Chr. zurück. Richard Andree erwähnt »mehrere babylonische Keilschrifttafeln«, die die Beschreibung einer Flut zum Gegenstande hätten. Darunter ein »elftes Buch, das den chaldäischen Sintflutbericht bildet«. Das Buch sei auf einer astronomischen Grundlage angelegt, »indem jedes Buch einem Zeichen des Tierkreises entspricht«. Nachfolgend der alte Bericht, überwiegend in der Schreibweise aus dem Jahre 1891, ergänzt um einige Anpassungen:

»Du kennst die Stadt Surippak, welche am Euphrat liegt. Diese Stadt war schon alt, als die Götter darin zur Anrichtung eine Sintflut ihr Herz antrieb; die großen Götter insgesamt, ihr Vater Amu, ihr Berater, der streitbare Bel, ihr Thronträger Adar, ihr Führer Ennuzi. Der Herr der unerforschlichen Weisheit, der Gott Ea, war aber mit ihnen und verkündete mir ihren Beschluss. Mann von Surippak, sprach er, verlasse dein Haus und baue ein Schiff; sie wollen vertilgen den Samen des Lebens; darum erhalte du Leben und bringe hierauf Samen des Lebens von jeglicher Art auf das Schiff, das du erbauen sollst. X (undeutliche Zahl) Ellen sei seine Länge und Y (undeutliche Zahl) sei seine Breite und Höhe. Überdache es mit einem Verdecke. Schließe nicht eher die Thür des Schiffes hinter dir, bis ich dich benachrichtigen werde. Dann steige ein und bringe in das Schiff dein Korn, dein Hab und Gut, deine Familie, deine Knechte und Mägde und deine nächsten Freunde. Das Vieh des Feldes, das Wild des Feldes will ich selbst zu dir senden.

Da baute ich das Schiff und versah es mit Nahrungsmitteln. Ich teilte es in Abteilungen. Ich sah nach den Fugen und füllte sie aus. Drei Saren Erdpech goss ich über seine Innenseite. Alles, was ich besaß, brachte ich auf das Schiff, all mein Gold, mein Silber und Samen des Lebens jeglicher Art. All mein männliches und weibliches Gesinde, das Vieh des Feldes, das Wild des Feldes, meine nächsten Freunde. Als nun der Sonnengott die bestimmte Zeit brachte, sprach eine Stimme: ›Am Abend werden die Himmel Verderben regnen. Steige in das Schiff und schließe die Thüre zu.‹ Mit Bangen erwartete ich den Sonnenuntergang. Furcht hatte ich, doch stieg ich in das Schiff und schloss die Thür zu. Dem Buzurkurgal, dem Steuermann, übergab ich den gewaltigen Bau samt Ladung.

Da erhob sich dunkles Gewölb vom Grunde des Himmels, in dessen Mitte der Sturmgott seine Donner sprechen ließ. Die Wirbelwinde entfesselt der gewaltige Pestgott, der Gott Adar lässt die Kanäle überströmen, die Götter des großen, unterirdischen Wassers bringen gewaltige Fluten herauf, die Erde lassen sie erzittern, des Sturmgottes Wogenschwall steigt bis zum Himmel, alles Licht ward verwandelt in Finsternis. Die Göttin Istar schreit wie eine Gebärende und ruft, ›so ist denn alles in Schlamm verwandelt, wie ich es den Göttern prophezeit. Ich aber gebäre meine Menschen nicht dazu, dass sie wie Fischbrut das Meer erfüllen.‹ Da weinten die Götter mit ihr über die Geister des großen, unterirdischen Wassers.

Sechs Tage und sieben Nächte behielten Wind, Flut und Sturm die Oberhand. Am siebten Tage aber legte sich die Sintflut, das Meer zog sich in sein Bett zurück und Sturm und Flut hörten auf.

Ich aber durchfuhr das Meer laut klagend, dass die Stätten der Menschen in Schlamm verwandelt waren, wie Baumstämme trieben die Leichen umher. Eine Luke hatte ich geöffnet, und als ich das Licht des Tages erblickte, zuckte ich weinend zusammen. Über die Länder, jetzt ein furchtbares Meer, fuhr ich dahin, da tauchte Land zwölf Maß hoch auf. Nach dem Lande Rizir steuerte das Schiff. Der Berg des Landes Rizir hielt das Schiff fest. So wartete ich sechs Tage lang. Am siebten ließ ich eine Taube fliegen, da kein Ruheplatz war, kehrte sie zurück. Darauf ließ ich eine Schwalbe fliegen, da kein Ruheplatz war, kehrte sie zurück. Da ließ ich einen Raben fliegen, und als er die Abnahme des Wassers sah, kehrte er nicht wieder zurück. Da ließ ich alles heraus. Ein Opfer brachte ich dar und errichtete einen Altar auf dem Gipfel des Berges.«

Im Gegensatz zum Alten Testament, in dem die Sintflutgeschichte in der dritten Person geschildert wird, kommt im chaldäischen Mythos der Erbauer der Arche persönlich zu Wort. Genauso wie im babylonischen *Gilgamesch-Epos*. Dieses wurde im Hügel von Kujundschik bei der ehemaligen Stadt Ninive im heutigen Nordirak bei Mossul gefunden. Das *Gilgamesch-Epos* war Bestandteil der riesigen Bibliothek des Königs Assurbanipal. Der herrschte von 669 bis 631 v. Chr. über das Assyrische Reich. Doch die Urfassung des Epos ist viel älter als Assurbanipal und weist Jahrtausende in die Vergangenheit zurück. Schließlich gab es *nach* Assurbanipal keine weltweite Flut – also muss sich die Katastrophe, über die im *Gilgamesch-Epos* berichtet wird, *vor* Assurbanipals Zeit abgespielt haben.

Gilgamesch, der Held der Geschichte, sucht nach Utnapischtim, dem Urvater der Menschheit. Doch der wohnt jenseits eines großen Meeres. Auf seiner Suche begegnet Gilgamesch zweimal irgendwelchen Göttern, die ihn warnen: »Gilgamesch, wohin läufst du? Das Leben, das du suchst, wirst du nicht finden. Als die Götter den Menschen erschufen, bestimmten sie den Tod für den Menschen …« [124] Nach einer langen und abenteuerlichen Reise findet Gilgamesch endlich den Utnapischtim, und der erzählt ihm die Flutgeschichte (Elfte Tafel):

»Ich will dir eröffnen, Gilgamesch, eine verborgene Geschichte und ein Geheimnis der Götter will ich dir künden. Schurippak ist eine Stadt am Euphrat gelegen. Es ist eine alte Stadt, lange Zeit waren die Götter ihr gnädig. Dann gedachten die Götter, eine Sturmflut herbeizuführen. In der Ratsversammlung hat auch Ea, der Gott der Wassertiefe, gesessen. Meinem Rohrhaus erzählte er den Ratschluss der Götter:

›Rohrhaus, Rohrhaus! Wand! Wand! Rohrhütte, höre! Wand vernimm! Du Mann aus Schurippak, Utnapischtim, Sohn des

Ubara-Tutu, baue ein Holzhaus, errichte es als ein Schiff. Lass Reichtum fahren, suche Leben. Verachte Besitz, rette das Leben. Bring Lebenssamen von jeder Art in das Schiff. In gutem Verhältnis seien Länge und Breite. Baue das Schiff sogleich. Bring es zum Süßwassermeer und versieh es mit einem Dach.‹ Ich begriff und ich sage zu Ea, dem Gott meinem Herrn: ›Ich werde tun, was du befiehlst, in Ehrfurcht werde ich deinen Geboten folgen. Was aber soll ich der Stadt, dem Volk und den Ältesten sagen?‹ Ea tat seinen Mund auf und sprach zu mir: ›Du Menschenkind, so sollst du zu ihnen sprechen: Enlil, der Gott der Erde und Länder, siehet mich scheel an, deshalb will ich in eurer Stadt nicht mehr wohnen bleiben, das Land des Enlil will ich nicht mehr sehen. Hinab zum Süßwassermeer will ich ziehen, um bei Ea zu wohnen, der mir ein gnädiger Herr ist. Er aber wird euch segnen mit allerlei Reichtum.‹

Als der erste Schimmer des Morgens erglänzte, machte ich alles bereit. Ich zog zum Süßwassermeer, schaffte das Holz und Teer herbei, entwarf den Plan des Schiffes und zeichnete ihn mir auf. All mein Gesinde, Starke und Schwache, legten Hand an das Werk. Im Monat des großen Schamasch wurde das Schiff vollendet. Was ich besaß, lud ich auf; ich lud auf Silber und Gold, ich lud auf die Lebenssamen jeglicher Art. Ins Schiff ließ ich steigen Frauen und Kinder, meine Verwandtschaft und Sippe. Das Großvieh und das kleine Getier brachte ich hinein. Handwerker einer jeglichen Kunst ließ ich hineingehen.

Einen Zeitpunkt hatte Gott mir gegeben: ›Am Abend, wenn die Herrscher der Finsternis herabströmen lassen furchtbaren Regen, dann tritt in das Schiff und verschließe die Tür.‹ Es kam die Zeit, da ließ Adad, der Wettergott, einen furchtbaren Regen niedergehen. Ich sah das Wetter mir an, das Wetter war furchtbar anzuschauen. Ich ging hinein in das Schiff und verschloss die Tür. Dem Steuermann übergab ich das riesige Boot. Als der

Morgen erschien, stieg rabenschwarzes Gewölk auf. Alle bösen Geister wüteten, alle Helligkeit war verwandelt in Finsternis. Es brauste der Südsturm, die Wasser brausten dahin, die Wasser erreichten das Gebirge, die Wasser fielen her über alle Menschen. Ein Bruder erkannte nicht mehr seinen Bruder. Die Götter selbst bekamen Furcht vor der Sturmflut, flohen und stiegen zum Himmelsberge des Anu hinauf. Niedergeduckt wie Hunde kauerten nun die Götter da. Ischtar schreit wie ein Weib bei schwerer Geburt, es heulte die schöne Stimme der Göttin: ›Das schöne Land der vorigen Zeit ist zu Schlamm geworden, weil ich der Versammlung der Götter den bösen Rat gab. Wie konnte ich nur so Böses in der Versammlung der Götter befehlen? Wie konnte ich nur alle meine Menschen vernichten? …

Sechs Tage und sechs Nächte rauschte der Regen nieder wie Wasserbäche. Am siebten Tag ließ die Sturmflut nach; es war eine Stille wie nach der Schlacht. Das Meer wurde ruhig und der Sturm des Unheils ward still. Alle Menschen waren zu Schlamm geworden. Ein ödes Einerlei war der Boden der Erde. Ich öffnete eine Luke und das Licht strahlte mir ins Gesicht. Ich warf mich nieder und weinte, ich weinte und meine Tränen strömten herab über mein Angesicht. Ich blickte hin auf die weiten Wasseröden. Laut schrie ich, dass alle Menschen umgekommen waren.

Nach zwölf Doppelstunden steigt eine Insel auf. Es trieb das Schiff nach dem Berg Nissir. Das Schiff lief auf und blieb fest sitzen auf dem Berg Nissir. Sechs Tage hielt der Berg das Schiff und ließ es nicht mehr schwanken; als der siebte Tag herbeikam, hielt ich eine Taube hinaus und ließ sie los. Die Taube flog fort und kam zurück. Sie fand keine Ruhestätte, so kehrte sie um. Ich hielt eine Schwalbe hinaus und ließ sie los. Die Schwalbe flog fort und kam zurück. Sie fand keine Ruhestätte, so kehrte sie um. Ich hielt einen Raben hinaus und ließ ihn los. Der Rabe flog fort, sah das Wasser versiegen; er frisst, scharrt, krächzt und kehrt nicht um. Da ließ ich alle hinaus nach allen vier Winden und brachte ein Lamm zum Opfer dar. Die Götter rochen den Duft, angenehm stieg den Göttern der Duft in die Nase. Wie Fliegen sammelten sich die Götter über dem Opfer …«

Im weiteren Verlauf der Geschichte streiten sich die Götter. Sie machen Enlil Vorwürfe, er habe die Flut herbeigeführt, »ohne zu überlegen«. Enlil seinerseits beschimpfte die anderen. Weshalb hatte es Überlebende gegeben? Durch wen waren die Menschen, die in der Arche die Katastrophe überstanden hatten, gewarnt worden? Die Götter warfen Enlil vor: »Wie konntest du nur so unbedachtsam diese Flut erregen? Den, der Sünde tut, lass seine Sünde tragen. Den, der Frevel verübt, lass seinen Frevel büßen. Doch siehe zu, dass nicht alle vernichtet werden.«

Unbestritten ist die biblische Variante der Flutgeschichte die jüngste. Irgendwer hat sie aus viel älteren Quellen ins 1. Buch Moses aufgenommen. Daraus kann man ableiten, dass die *Bibel* nicht das alleinige »Wort Gottes« ist, wie viele Menschen annehmen. Zudem wird in der *Bibel* über Noah in der dritten Person gesprochen: »… und Noah tat, wie ihm der Herr geboten hatte … und Noah ging mit seinen Söhnen in die Arche.« Es wird nacherzählt. Anders in der chaldäischen Überlieferung und im *Gilgamesch-Epos*. Dort spricht der Überlebende der Flut in der ersten Person: »… Da baute *ich* das Schiff und versah es mit Nahrungsmitteln. *Ich* teilte es in Abteilungen.« (Chaldäisch) »*Ich* zog zum Süßwassermeer …, was *ich* besaß, lud *ich* auf.« (Gilgamesch). In der *Bibel* erfährt man etwas über die Größe der Arche. Sie soll »dreihundert Ellen lang«, »fünfzig Ellen breit« und »dreißig Ellen hoch« gewesen sein. In der chaldäischen Version sind die Zahlen zur Länge und Breite des Schiffes nicht entzifferbar. Nun gibt es bei der biblischen Elle gleich mehrere Varianten: die große oder königliche Elle mit 52,5 Zentimetern und die normale Elle mit rund 44,5 Zentimetern. (Es kursieren auch andere Maße zwischen 56 und 61 Zentimetern.) Bei der der königlichen Elle ergibt sich eine Schiffslänge von rund 157 Metern. Zum Vergleich: Die *Crystal Cruises* (Baujahr 1995) hat eine Länge von 238 Metern. Noahs Arche verfügte über drei Stockwerke – ein wahrhaftig gewaltiger Kahn.

Die Flut begann im »sechshundertsten Lebensjahr Noahs, am 17. Tag des zweiten Monats«. Noah selbst soll 950 Jahre alt geworden sein. Weder Noahs Alter noch der Beginn der Flut ist fixierbar. Wir wissen so wenig, weder wann es geschah, noch nach welchen Maßstäben Noahs Jahre gezählt wurden.

Die gewaltige Arche soll am Berge Ararat gestrandet sein, und zwar »am siebzehnten Tage des siebenten Monats«, und »am 27. Tage des zweiten Monats war die Erde ganz trocken«. Da keine Vergleichsdaten zur Verfügung stehen, helfen die biblischen Angaben nicht weiter. Der Ararat hingegen ist bekannt. Mit 5137 Metern ist er der höchste Berg der Türkei. Trotz mehrerer Expeditionen sind bislang keine Beweise für die Existenz der Arche Noah aufgetaucht. Im Jahre 1959 entdeckte der türkische Luftwaffenoffizier İlhan Durupınar in der Gegend des Ararat eine kuriose Formation im Boden, die einem Schiffsrumpf glich, und zwar an der Bergflanke des Vulkans Tendürek Dağı, und der liegt 27 Kilometer vom Ararat entfernt. Ein Schiff wurde nicht gefunden.

Dasselbe gilt für Expeditionen am Ararat, die 1977 von mehreren Forschern durchgeführt wurden. Man fand weder versteinertes Holz noch irgendwelche Schiffsplanken.

Genauso niederschmetternd ist die Suche nach einem vorsintflutlichen Schiff über das *Gilgamesch-Epos* oder die chaldäische Überlieferung. Eine der Keilschrifttafeln des *Gilgamesch-Epos*, die heute im Britischen Museum in London liegt, nennt für die Arche (umgerechnete) Maße von 60 x 60 x 60 Metern.

Es handelte sich also um einen quadratischen Block von 216 000 Kubikmetern Rauminhalt. Damit war dieses Transportgefährt fünfmal größer als die biblische Arche. [132] Trotz der aufregenden Suchaktionen verschiedener Forschungsteams, die sich auf die Spuren dieses weltbewegenden Schiffes begaben, tauchte bis heute kein einziges echtes Beweisstück auf. [133]

Im *Gilgamesch-Epos* wird sogar der Vater des Utnapischtim genannt. Der hieß Ubara-Tutu. Das passt nicht zur biblischen Version. Dort wäre Noah gleich Utnapischtim, doch Noahs Vater hieß Lamech und nicht Ubara-Tutu. Genauso widersprüchlich sind die Angaben über den Ort der Landung. In der *Bibel* strandet die Arche »am Berge Ararat«, in der chaldäischen Variante »auf dem Berg Nissir« und bei Gilgamesch auf dem »Berg des Landes Rizir«. Durchaus möglich, dass alle Autoren dieselbe Region meinten, doch Berge tragen bei unterschiedlichen Völkern andere Namen. So heißt ein bekannter Berg im Schweizer Kanton Wallis Matterhorn – in Italien allerdings wird derselbe Berg als Cervino bezeichnet. Für Deutschsprachige gibt es einen Genfersee, für die Französisch Sprechenden heißt er Lac Léman. Zum Berg Ararat präzisiert der Sumerologe Dr. Hermann Burgard: [134]

»Im Originaltext der *Bibel* im ersten Buch Moses, Kapitel 8.4, steht in der deutschen Fassung: ›… setzte die Arche auf dem Gebirge Ararat auf.‹ Das ist eine unerlaubte Verengung der Übersetzer. Es hätte richtig heißen müssen: ›… setzte auf den Bergen von rrt auf.‹ Die Vokale fehlen im Original. Es konnte bedeuten Ararat oder dessen weiteres Umland Urartu.«

Bei Noah wird je ein Paar einer Tierart an Bord genommen – in den anderen Überlieferungen aber »Samen des Lebens jeglicher Art« (chaldäisch) und »Handwerker einer jeglichen Kunst«. Ganz offensichtlich ging es um eine weltweite Flut, doch hinterher sollte die Erde wieder grünen, und die Handwerkskünste – vom Schreiner, Schmid über den Maurer und Bauern bis hin zum Schreiberling – mussten erhalten bleiben. Es ging nicht um einen Neustart bei null, die »Götter«, jene Verursacher der Flut, hatten sehr wohl vorausgeplant.

Weshalb sollten Außerirdische überhaupt ihre eigene Züchtung (»die Götter schufen die Menschen nach ihrem Ebenbilde«) umbringen? Weil das erste Experiment schieflief. Nicht nur die Menschen vor der Flut, sondern auch einige der ETs hielten sich nicht an die Regeln. Es entwickelte sich eine Brut von unerwünschten Lebensformen. Biblisch ausgedrückt: die Verführung von Adam und Eva durch »die Schlange«. Die unerwünschten Lebensformen hatten begonnen, sich über die Erde auszubreiten, und konnten nicht mehr einzeln aufgespürt und getötet werden. (In meinem Buch *Falsch informiert!* behandelte ich den Vorgang ausführlich.) [130, Seite 53 ff.] Entscheidend dabei ist die Feststellung: Das Ziel der großen Säuberung bestand darin, einen neuen Genpool heranwachsen zu lassen. Und tatsächlich: Die wenigen Überlebenden *nach der Flut* trugen eine veränderte DNS in sich. Wir Menschen des 21. Jahrhunderts sind die Nachkommen jener Urväter. Und seit jener Flut werden immer wieder neue genetische Informationen ins System Mensch eingespeist. Stichwort Jungferngeburt. *Deshalb* können die Genetiker die Mutationen der chemischen Bausteine in unserer DNS nicht mehr auf natürliche Weise erklären. Weil sie sich eben *nicht* à la Darwin von selbst entwickelten. Intelligent Design nennt man das in unserer Zeit.

Aber – so höre ich in jeder Diskussion – die Flut, sofern sie überhaupt stattfand, war ein lokal beschränktes Ereignis völlig natürlicher Art. Tatsächlich gab es zu allen Zeiten geografisch beschränkte Fluten, leicht nachweisbar in den jeweiligen Erdschichten. Doch bei jener Urflut der Menschheitsüberlieferungen ging es weder um ein lokales Naturereignis noch um die

Strafe eines spirituellen Wesens namens »Gott«. Weshalb nicht? Ein »allmächtiger« Gott hätte seinen Schützlingen per Fingerschnippen ein rettendes Schiff herzaubern können. Doch dazu war er nicht fähig. In jeder Sintflutbeschreibung befiehlt ein »Gott« einer ausgesuchten Menschengruppe, ein Schiff zu bauen. Schiffsbau ist Technologie. Es müssen Bäume gefällt, und Bretter geschnitten werden. Pläne müssen gezeichnet, Schnüre, Seile und Pech müssen hergeschafft werden. Das alles braucht Zeit. Wer immer seine ausgesuchten Menschen warnte, kannte den Zeitpunkt der Flut. Und er wusste, dass diese Flut nicht in 2 Wochen losbrechen würde, sondern erst in einigen Monaten. Sonst würde die Zeit für den Schiffsbau nicht ausreichen.

Dementsprechend ging es nicht um ein Naturereignis. Die Flut war geplant.

Der Einwand, es habe sich um ein lokales Ereignis gehandelt, wird durch die Überlieferungen ad absurdum geführt. (Zum 100. Mal: Ich schrieb früher darüber und zitiere deshalb hier nur einen Abschnitt aus meinem letzten Buch *Die Bekenntnisse des Ägyptologen Adel H.* [135, Seite 33]):

Ob es der griechische Geograf Strabon (um 63 v. Chr. bis 23 n. Chr.) oder Plinius der Ältere (23 – 79 n. Chr.), ob es Hesiod (um 700 v. Chr.) oder Herodot (486 – ca. 430 v. Chr.) war, ob Hekataios (ca. 560 – 480 v. Chr.) oder der Babylonier Berossos (spätes 4. Jahrhundert v. Chr.), ob Diodor von Sizilien (1. Jahrhundert v. Chr.) oder im fernen Zentralamerika die unbekannten Maya-Schreiber – es spielt keine Rolle, wen ich als Zeugen aufrufe. Denn die Bilanz bleibt stets dieselbe; alle schrieben über Fluten, die sich vor 10 000 Jahren und mehr ereigneten. Der Grieche Platon berichtete genauso darüber wie Jahrtausende vor ihm ein unbekannter Schreiber im fernen Land Sumer. Auf einer Keilschrifttafel, übersetzt vom berühmten Sumerologen Prof. Dr. James Pritchard (1909–1997), die sich heute im Museum von Bagdad befindet, ist nachzulesen: [136]

»Eine Flut will ich auslösen. Sie wird den Samen der Menschen auslöschen … Die Flut wird alle Zentren auslöschen …, die Flut wird die Länder zerstören.«

Die Behauptung, einer dieser frühen Historiker habe vom anderen abgeschrieben, ist ein Witz. Die unbekannten Schreiberlinge der Maya in Zentralamerika konnten nichts wissen vom Griechen Platon. Der lebte von 428 bis 348 v. Chr. auf einem anderen Kontinent als die Maya. Kontakt gab es keinen. Aber beide beschrieben die Flut. Und der Indiostamm der Kagaba im Hochland von Kolumbien hatte keinen blauen Dunst von sumerischen Keilschrifttafeln und einem Herrn Gilgamesch. Doch über eine weltweite Flut berichteten beide. Trotz der Millionen von verlorenen Büchern in der Vergangenheit ist die Erdgeschichte seit 500 v. Chr. bis heute bekannt. Zumindest für diejenigen, die die griechische Geschichte kennen. Wir wissen definitiv, dass in den vergangenen 2500 Jahren keine Flut den ganzen Erdball vernichtete. Also beschreiben die Berichterstatter der Vorzeit eine Flut, die sich *vor* mehr als 2500 Jahren abgespielt haben muss. Jetzt ereignete sich zur Zeit der Pharaonen in Ägypten ebenfalls keine Flut. Die ägyptischen Tempelanlagen beweisen es. Also *noch* weiter zurück. Und man landet unweigerlich im Dunst der Jahrtausende – sonst hätte weder ein Chaldäer noch ein Autor des *Gilgamesch-Epos* darüber schreiben können.

Eine weltweite Überflutung, die sogar die Berge bedeckt haben soll, zerstörte nicht nur Gräber und Fossilien, sondern auch sämtliche antiken Kulturzentren mitsamt ihren Tempeln. Daher sind die grandiosen Bauwerke, die wir bei den Maya, in Indien oder Ägypten bestaunen, allesamt *nach* der Flut entstanden. Eine der wenigen Ausnahmen davon bilden die großen

Pyramiden in Ägypten. Die wurden *vor* der Flut gebaut. Die Bauherren waren über die kommende Flut informiert – deshalb wurden die Pyramiden überhaupt errichtet. Sie *sollten* die Wasser überstehen. (Alles dazu in Quelle 87.)

Seit meiner Jugendzeit befasse ich mich mit den Rätseln der frühen Menschheitsgeschichte. Für viele dieser Rätsel gibt es inzwischen vernünftige Lösungen. Was mich bei allen Diskussionen immer wieder ärgert, ist dies: Quer durch das Schrifttum aller Kulturen bezeugten die Menschen, sie seien von den Göttern erschaffen worden. Nur die materialistischen, eingebildeten und selbstherrlichen Menschen von heute lehnen das entrüstet ab. Es darf keine »Götter« und schon gar nichts »Spirituelles« geben. Wir sind von selbst geworden! Wir haben alles selbst gemacht! Wir sind die Größten! Dabei beweisen Bilder, die NASA-Satelliten von der Oberfläche des Mars zur Erde funkten, eindeutig: Dort liegen Spuren von ehemaligen Bauwerken. [Bilder 51+52] Da wir Menschen nicht auf dem Mars waren, müssen die Ruinen wohl von jemand anderem stammen. Kapiert?

Bild 51

Bild 52

Literaturverzeichnis

[1] Schröder, Sabrina, »10 Parasiten, die Tiere zu Zombies machen«, in: *Spektrum der Wissenschaft*, 2. September 2019.

[2] Darwin, Charles, *Die Entstehung der Arten*, Stuttgart 1974.

[3] Shearer, William, *The Atlantic Salmon*, New York 1992.

[4] Jasner, Carsten, »Meilensammler«, in: P.M., 01/2020.

[5] Catania, K. C., *The Astonishing Behavior of Electric Eels*, Nashville 2016.

[6] Humboldt, Alexander von, *Reise in die Aequinoctial-Gegenden des neuen Continents*, Stuttgart 1859.

[7] Stringer, Nick, *Tortuga*, 20th Century Studios.

[8] Michiels, Nico, »Zwitter spielen gerne Männchen«, *https://www.scinexx.de/news/biowissen/zwitter-spielen-gerne-maennchen.*

[9] Duffy, J. E., »Kin structure, ecology and the evolution of social organization in shrimp« (Proceedings of the Royal Society of London Biological Science).

[10] Däniken, Erich von, *Botschaften aus dem Jahr 2118*, Rottenburg 2016.

[11] Necas, P., *Chamäleons. Bunte Juwelen der Natur*, Frankfurt/M. 2004.

[12] Schmidt, Wolfgang und andere, *Chamäleons. Drachen unserer Zeit*, Münster 2010.

[13] Gaius Plinius Secundus, *Die Naturgeschichte*, Leipzig 1882.

[14] *https://de.wikipedia.org/wiki/Ameisen.*

[15] Grätz, Christina, *Im Königreich der Ameisen*, ARTE-TV vom 18. April 2020.

[16] Grätz, Christina und Kupfer, Manuela, *Die fabelhafte Welt der Ameisen*, Gütersloh 2019.
[17] Gotwald, W. H. jun., *Army Ants: The Biology of Social Predation*, New York 1995.
[18] Kirchner, W., *Die Ameisen. Biologie und Verhalten*, München 2007.
[19] *https://de.wikipedia.org/wiki/Termiten.*
[20] Hohmann, Ulf und Bartussek, Ingo, *Der Waschbär*, Einbeck 2018.
[21] *https://de.wikipedia.org/wiki/Waschbär.*
[22] *https://de.wikipedia.org/wiki/Schuppentiere.*
[23] *https://de.wikipedia.org/wiki/Hundertfüsser.*
[24] *https://www.ripleybelieves.com/what-is-world-s-largest-centipede-9512*
[25] Daunderer, Max, *Klinische Toxikologie.* Und *Lexikon der Pflanzen- und Tiergifte*, 1995.
[26] Bergbauer, Matthias, *Giftige und gefährliche Meerestiere*, Rüschlikon 1997.
[27] *https://www.meerwasser-lexikon.de/tiere/8407_Aipysurus_duboisii.htm*
[28] *https://de.wikipedia.org/wiki/Seeschlangen.*
[29] Mahsberg, Dieter; Lippe, Rüdiger und Kallas, Stephan, *Skorpione*, Münster 1999.
[30] Polis, Gary, *The Biology of Scorpions*, Los Angeles 1990.
[31] Nischk, Frank, *Die fabelhafte Welt der fiesen Tiere*, Regensburg 2020.
[32] *https://www.travelbook.de/natur/tiere/krabben.christmas-island-weihnachtsinsel.*
[33] Diesel, R. und Schubart, C. D., »Die außergewöhnliche Evolutionsgeschichte jamaikanischer Felsenkrabben«, in: *Biologie in unserer Zeit*, Nr. 3, 2000.
[34] Debelius, Helmut, *Krebsführer weltweit*, Hamburg 2000.

[35] *https://de.wikipedia.org/wiki/Fangschreckenkrebse #Lebensweise.*
[36] *https://de.wikipedia.org/wiki/Vogelzug.*
[37] Berthold, Peter, *Vogelzug. Eine aktuelle Gesamtübersicht*, Darmstadt 2008.
[38] Mrasek, Volker, »Dreimal zum Mond«, in: *Neue Zürcher Zeitung* vom 3. Mai 2020.
[39] Matthiessen, Peter, *Die Könige der Lüfte. Reisen mit Kranichen*, München 2007.
[40] Nowald, Günter und Dirks, Hermann, *Kranichbegegnungen*, Dresden 2006.
[41] Smith, Peter Godfrey, *Other Minds. The Octopus and the Evolution of intelligent Life*, Zürich 2018.
[42] Burford, Benjamin und Robison, Bruce, »Bioluminescent backlighting illuminates the complex visual signals of a social squid in the deep sea«, PNAS, 14. April 2020.
[43] *https://www.spiegel.de/spiegel/tintenfische-was-hinter-der-intelligenz-der-meerestiere-steckt-a-1183969.html.*
[44] Imhasly, Patrick und Forster, Elisa, »So arbeitet die Gen-Schere«, in: *Neue Zürcher Zeitung* vom 7. Februar 2016.
[45] »Lenkwaffen im Zellkern«, in: *Der Spiegel*, Nr. 18, 2015.
[46] Vallecillo-Viejo, Isabel C. und andere, »Spatially regulated editing of genetic information within a neuron«, *Nucleic Acids Research*, 7. Mai 2020.
[47] Braem, Guido J., *Fleischfressende Pflanzen*, München 2002.
[48] Slack, Adrian, *Karnivoren. Biologie und Kultur der insektenfangenden Pflanzen*, Ulm 1985.
[49] *https://de.wikipedia.org/wiki/Venusfliegenfalle.*
[50] Mitsch, Jacques, *Der Blob – Schleimiger Superorganismus*, TV-Sender ARTE, 18. März 2020.

[51] *https://www.welt.de/wissenschaft/article206637825/Arte-Magazin-Was-steckt-hinter-dem-Blob.html.*
[52] Richter, Wolfgang, »Alter Schleimer«, in: *Die Zeit*, 29. Dezember 2006.
[53] Hoffmann R., *Das Neue Organon*, Leipzig 1962.
[54] Höffe, Otfried, *Immanuel Kant*, München 2007.
[55] Geier, Manfred, *Kants Welt*, Reinbeck 2003.
[56] Höffe, Otfried, *Kants Kritik der reinen Vernunft*, München 2000.
[57] Appel, Sabine, *Arthur Schopenhauer. Leben und Philosophie*, Düsseldorf 2007.
[58] Schopenhauer, Arthur, *Die Welt als Wille und Vorstellung*, Köln 1997.
[59] Haeckel, Ernst, *Natürliche Schöpfungsgeschichte, http://www.zum.de/stueber/haeckel/natuerliche.*
[60] Charon, Jean E., *Der Geist der Materie*, Hamburg 1979.
[61] Krausse, Erika, *Ernst Haeckel*, Leipzig 1984.
[62] Kleeberg, Bernhard, *Theophysis. Ernst Haeckels Philosophie des Naturganzen*, Köln 2005.
[63] Nietzsche, Friedrich, *Gesammelte Werke. Zur Genealogie der Moral. Der Fall Wagner*, Zürich 1985.
[64] Nietzsche, Friedrich, *Gesammelte Werke: Der Antichrist.*
[65] Keith, Arthur, *An Autobiography*, London 1950.
[66] *https://www.soulsaver.de/blog/ziemlich-resignative-zitate.*
[67] Muggeridge, Malcolm, *https://en.wikiquote.org/wiki/Malcolm_Muggeridge.*
[68] Ryan, M., *Wildlife of Greater Brisbane* und *Wildlife of Tropical North Queensland,* Brisbane 2003.
[69] Junker, Reinhard und Scherer, Siegfried, *Evolution – Ein kritisches Lehrbuch,* Gießen 1998.

[70] *https://www.spiegel.de/wissenschaft/mensch/evolution-darwins-gegner-holen-zum-gegenschlag-aus-a-609344.html.*

[71] Brookes, Martin, *Drosophila. Die Erfolgsgeschichte der Fruchtfliege*, Hamburg 2002.

[72] Dawkins, Richard, *Der Gotteswahn*, Zürich 2008.

[73] Beckmann, Jan P., *Wilhelm von Ockham*, München 1995.

[74] Leppin, Volker, *Wilhelm von Ockham. Gelehrter, Streiter, Bettelmönch*, Darmstadt 2003.

[75] Däniken, Erich von, *Botschaften aus dem Jahr 2118*, Rottenburg 2016, 3. Kapitel.

[76] Monod, Jacques, *Zufall und Notwendigkeit*, München 1975.

[77] Eigen, Manfred, *Das Spiel – Naturgesetze steuern den Zufall*, München 1975.

[78] Behe, Michael, J., *Darwins Black Box*, Gräfelfing 2007.

[79] Wickramasinghe, Chandra, »Die Entdeckung außerirdischen Lebens – ein Wendepunkt in der Geschichte der Menschheit«, Vortrag beim großen internationalen Erich-von-Däniken-Kongress, 2015.

[80] Hoyle, Fred, *Das intelligente Universum*, Frankfurt/M. 1984.

[81] Hoyle, Fred und Wickramasinghe, C., *Evolution aus dem All*, Frankfurt/M. 1981.

[82] Horn, Arthur D., *Götter gaben uns die Gene*, Berlin 1997.

[83] Vollmert, Bruno, *Das Molekül und das Leben*, Hamburg 1985.

[84] Nagel, Thomas, *Mind and Cosmos. Why the Materialist Neo-Darwinian Conception of Nature is Almost Certainly False*, Oxford University, 2012.

[85] *https://rationalwiki.org/wiki/Michael_Behe.*
[86] Junker, Reinhard über: *https://www.genesisnet.info/schoepfung_evolution/e1621_einfuehrung_in__intelligent_design.php*
[87] Däniken, Erich von, *Neue Erkenntnisse*, Rottenburg 2018, Seiten 173–206.
[88] Mack, John E., *Abduction – Human Encounters with Aliens*, New York 1994.
[89] Ludwiger, Illobrand von, *Ergebnisse aus 40 Jahren UFO-Forschung*, Rottenburg 2015.
[90] Fiebag, Johannes, *Kontakt. UFO-Entführungen in Deutschland, Österreich und der Schweiz*, München 1994.
[91] Paley, William, *Natural Theology*, London 1802.
[92] Navia, Luis, *Unsere Wiege steht im Kosmos*, Düsseldorf 1976.
[93] Mühlemann, Oliver, »Wie LUCA, die Urzelle des Lebens, entstand«, in: *UniPress*, Nr. 157/2013, Bern.
[94] Cremo, Michael A. und Thompson, Richard L., *Verbotene Archäologie*, Rottenburg 2006.
[95] Burroughs, W. G., »Human-like footprints, 250 million years old«, in: *The Berea Alumnus*, Berea College, Kentucky, November 1938.
[96] Glasenapp, Helmuth von, *Der Jainismus. Eine indische Erlösungsreligion*, Hildesheim 1984 (Originalausgabe 1925).
[97] Frauwallner, Erich, *Geschichte der indischen Philosophie*, Salzburg 1953.
[98] Stuart, David und George, *Palenque. Eternal City of the Maya*, London 2008.
[99] Zillmer, Hans-Joachim, *Die Evolutions-Lüge*, München 2005.

[100] Däniken, Erich von, *Beweise*, Düsseldorf 1977, Seite 324 ff.
[101] Steiger, Brad, *Mysteries of Time and Space*, New York 1974.
[102] »Saurier und Primaten lebten Seite an Seite«, in: *Die Welt*, 14. Juni 2004, Seite 35 (unter Bezugnahme auf einen Beitrag im Fachmagazin *Nature)*.
[103] *https://www.livenet.ch/news/gesellschaft/wissen/341558-ueber_1000_wissenschaftler_unterzeichnen_kritikpetition.html*
[104] »Sternstunde der Steinzeit«, in: *Focus*, Nr. 50/2000.
[105] Däniken, Erich von, *Die Götter waren Astronauten!*, Rottenburg 2015.
[106] Däniken, Erich von, *Im Namen von Zeus*, München 1999, Seite 240 ff.
[107] Morawietz, Thorsten, »Versunkene Ruinen vor Malta«, in: *Sagenhafte Zeiten*, Nr. 6, 2019.
[108] Vyasadevas, Srila, *Srimad-Bhagavatam*, übersetzt von A. C. Bhaktivedanta Swami Prabhupada, Wien 1987.
[109] Rao, S. R., *The Lost City of Dvaraka*, New Delhi 1999.
[110] »In vollem Gang: Das sechste Artensterben«, in: *Welt am Sonntag*, Nr. 24, 14. Juni 2020 (unter Bezugnahme auf einen Artikel in PNAS).
[111] Wilder-Smith, A. E., *Die Erschaffung des Lebens*, Stuttgart 1972.
[112] Courtois, Stéphane, *Das Schwarzbuch des Kommunismus*, München 1998.
[113] »Biologie: Durch Gen-Rutsch zum nackten Affen«, in: *Der Spiegel*, Nr. 18, 1975.
[114] »DNA sequence and comparative analysis of chimpanzee chromosome 22«, in: *Nature*, Nr. 429, Mai 2004.

[115] Däniken, Erich von, *Erinnerungen an die Zukunft*, Düsseldorf 1968, Seite 96.

[116] Däniken, Erich von, *Zurück zu den Sternen*, Düsseldorf 1969, Seite 33 ff.

[117] Lynn, Heather, *The Anunnaki Connection. Sumerian Gods, Alien DNA and the Fate of Humanity*, Newburyport, Massachusetts, 2020.

[118] Silver, Ellis, *Humans are not from Earth*, Cullompton, Devon, England, 2017.

[119] Greaves, Mel, *Krebs – der blinde Passagier der Evolution*, Hamburg 2002.

[120] Risi, Armin, *Evolution. Stammt der Mensch von den Tieren ab?*, Zürich 2014.

[121] Wohlleben, Peter, *Das geheime Leben der Bäume*, München 2016.

[122] Wahrmund, Adolf, *Diodor's von Sicilien Geschichts-Bibliothek*, 1. Buch, Stuttgart 1866.

[123] Fiebag, Peter, »Phänomen Sprache«, in: *Sagenhafte Zeiten*, Nr. 5/2009.

[124] Burckhardt, Georg, *Gilgamesch. Eine Erzählung aus dem alten Orient*, Wiesbaden 1967.

[125] Burrows, Millar, *Mehr Klarheit über die Schriftrollen*, München 1958.

[126] Wuttke, Gottfried, *Melchisedech, der Priesterkönig von Salem*, Gießen 1929.

[127] Reichel-Dolmatoff, Gerardo, »Die Kogi in Kolumbien«, in: *Bild der Völker*, Band 5, Wiesbaden o. J.

[128] *Das Buch Mormon*, Buch Ether.

[129] Däniken, Erich von, *Falsch informiert!*, Rottenburg 2007, Seite 53 ff.

[130] *Die Heilige Schrift des Alten und Neuen Testaments*, Stuttgart 1972.

[131] Andree, Richard, *Die Flutsagen. Ethnographisch betrachtet*, Braunschweig 1891.
[132] *https://de.wikipedia.org/wiki/Arche_Noah.*
[133] Berlitz, Charles, *Die Suche nach der Arche Noah*, Hamburg 1987.
[134] Burgard, Hermann, *Flutheld Ziusudra*, Groß-Gerau 2020.
[135] Däniken, Erich von, *Die Bekenntnisse des Ägyptologen Adel H.*, Rottenburg 2019, Seite 33.
[136] Pritchard, James B., *Ancient Near Eastern Texts*, Princeton University, Princeton, New Jersey, 1955.

Bildquellen

Bilder	1–34:	Wikimedia Commons
Bild	35:	David Müller, Ittigen
Bilder	36–47:	Wikimedia Commons
Bild	48:	W. J. Meister, Antelope Springs, USA
Bilder	49+50:	Ramon Zürcher, Unterseen
Bild	51:	*https://ida.wr.usgs.gov/html/e10004/e1000462.html*
Bild	52:	Taken by Mast Camera (Mastcam) onboard NASA's Mars rover Curiosity on Sol 1438 (2016-08-22 11:37:56 UTC). Image Credit: NASA/JPL-Caltech/MSSS

Forschungsgesellschaft für Archäologie, Astronautik und S[illegible]

Liebe Leserin, lieber Leser,

wie in jedem meiner Bücher möchte ich Ihnen die Gesellschaft für Archäologie, Astronautik und SETI vorstellen – abgekürzt AAS. Wir suchen nach neuen Antworten, weil die alten in vielen Bereichen überholt sind.

Es ist unser Ziel, einen anerkannten Beweis für den Besuch von Außerirdischen auf unserer Erde zu erbringen. Dies vor Jahrtausenden. Dabei wollen wir den Grundregeln des wissenschaftlichen Erkenntnisgewinns folgen, uns aber nicht von bestehenden Dogmen oder Paradigmen eingrenzen lassen.

Im Zwei-Monats-Rhythmus geben wir die Zeitschrift *Sagenhafte Zeiten* heraus – in deutscher Sprache –, die allen Mitgliedern der AAS zugestellt wird. Wir organisieren nationale und internationale Konferenzen und führen Studienreisen an interessante archäologische Stätten durch.

Unser jährlicher Mitgliedsbeitrag beläuft sich auf 55.– Euro/ 60.– CHF (Stand Sommer 2020). Wissenschaftler wie Laien aus allen Berufsgruppen gehören zu uns. Wir sind kein exklusiver Club. Jeder kann dabei sein.

Ich würde mich freuen, wenn Sie sich auf unserer Homepage informieren oder Gratisauskünfte erbitten würden bei:

AAS, Postfach 319, CH-3800 Interlaken
www.sagenhaftezeiten.com
E-Mail: info@sagenhaftezeiten.com